创新能力培养教程丛书

Chuangyi Xiangshi

创意·相识

叶品元 著

上海教育出版社
SHANGHAI EDUCATIONAL PUBLISHING HOUSE

图书在版编目(CIP)数据
创意·相识 / 叶品元著. —上海:上海教育出版社,2013.11
ISBN 978-7-5444-5057-7

Ⅰ.①创… Ⅱ.①叶… Ⅲ.①数论—普及读物 Ⅳ.①O156-49

中国版本图书馆CIP数据核字(2013)第264058号

责任编辑 赵海燕 张莹莹
封面设计 陆 弦
插 图 战穆夏

创意·相识
叶品元 著

出版发行 上海世纪出版股份有限公司
上 海 教 育 出 版 社
易文网 www.ewen.cc
地 址 上海永福路 123 号
邮 编 200031
经 销 各地新华书店
印 刷 上海书刊印刷有限公司
开 本 787×1092 1/16 印张 9.75 插页 2
版 次 2013 年 11 月第 1 版
印 次 2013 年 11 月第 1 次印刷
书 号 ISBN 978-7-5444-5057-7/G·4052
定 价 28.00 元

目录

序言

“创意”并不陌生，它已成为现代社会频繁使用的一个词。创意产业、创意广告、创意设计、创意礼品、创意家居、创意文化、创意思维等等，不胜枚举。正像本书第一章所说，她就在你的身边，已融入了生活的方方面面。创意正改变着人们的生活。不是吗？苹果手机等电子产品已成了世界许多青年人的追求，成了现代人生活的一部分，而这正是源自乔布斯的创意。

创意并不神秘，其实就是奇思妙想，与众不同，想到别人没有想到的主意，是一种灵活性、独创性的想法。创意哪里来？方法之一是经常“白日做梦”，这在中国是一个贬义词，是成人斥责孩子不切实际想法的用词；然而在西方一些国家，却是一个褒义词，因为“白日做梦”区别于晚间做梦，是头脑清醒状态下的做梦，容易实现。运用“扩散思维”，借助“智力激励”，跳出“思维定势”，就会思潮澎湃，各种创意源源而来。

创意并不深奥，可以通过创造性解题的过程来实现。生活中会有许许多多的缺点和困难，如何去克服，想出几十种办法，甚至成百上千种办法，然后进行评估筛选，再运用你的双手去实现。我同意作者在第五章所说，关键是“行动，行动，还是行动。”智慧的头脑加上灵巧的双手，原始的创意就会变成闪闪发光的金子。

创意并不是点缀，对青少年来说并不是与我无关。每个人都有潜在的创造力，关键是要把它挖掘出来，产生无穷的创意。学生再也不能在应试教育的指挥棒下，读死书，死读书，应该拿出一部分时间参加各种创造性活动，培养自己的创意，这不仅对眼前的升学、就业有帮助，而且将终身受益。

我和作者叶品元老师已相识多年，这缘于我们共同参与的头脑奥林匹克活动。头脑奥林匹克是一项国际性的培养青少年创造力的活动，它的宗旨就是培养青少年成为知识的探索者、未知道路的漫游者、把世界变得更美好的创造者。它着力培养青少年的创造精神和团队精神。叶老师对这个活动情有独钟，孜孜不倦，全身心地投入，因为头脑奥林匹克可以培养青少年的无限创意。

本书是叶老师多年心血的结晶。书中借鉴了头脑奥林匹克许多即兴题的内容和形式，是一本很好的普及创意的教材。书中不少内容源自生活，增加了实用性；许多道理娓娓而谈，增加了可读性；大量例子鲜活生动，增加了趣味性；别具一格的“创意小贴士”，增加了指导性。

但愿更多的学生与创意相识，与创意共舞。

中国上海头脑奥林匹克协会执行主席　陈伟新

2013 年 7 月

自序

创意，她一直和我在一起

创意，她拥有着一种由内而外散发出的魅力，那是一种气质，简直让人着迷，她的高贵和美丽，使得我都不敢轻易靠近，总觉得自己这个凡夫俗子好像永远只能在远处欣赏她的美丽，总觉得她不会和自己有关系，总觉得她属于那个别人而不是自己。其实，是我自己错了，她就在我的身后，创意，她一直和我在一起，也许是因为害羞或者调皮，她总是不会主动在我面前出现，因为她总在想："反正你都不主动，我有什么好着急。"原来是我没有弄清，创意，她拥有的是世界上最简单的美丽，只要你走近，轻轻夸奖她的美丽，她就会像个孩子似的腻着你，吵吵闹闹让你不得安宁，原来创意，她一直和我在一起。

你老是抱怨为什么别人的脑筋总是那么灵活，创意总会在他的身边出现，其实不是别人有什么特别，只是他们清楚地知道创意一直和他们在一起。从现在开始不要再有埋怨，因为创意马上就会被我带到你的眼前，很快出现。不过从现在开始，你可要在心里开始默念一百遍，不要觉得无聊，不要轻易放弃，对于你来讲，这将会是一个从未有过的经历，改变的也许会是你的人生。只要你相信，"创意，她一直和我在一起。"

前言

与创意的一次对话

我怎么样才能见到创意，虽然耳边无数次有人谈及创意，但还是觉得她不会那么轻易地出现在我的眼前，也许她专属于那些创意人，就是我们一直认为的设计师、艺术家、发明家，我可不是这类人，创意是不会出现的，创意她和我没有关系。

我总被很多人认定高高在上，不是那么容易亲近。那么久以来，人们的想法没有改变过，就是因为他们不愿改变，所以他们才见不到我，有时候只要他们能够轻轻转身，其实我就在他们身边。对，我就是那么普通，以至于如果不用心，也许发现不了我的特别，我的与众不同。

那你能告诉我，我现在该怎么做呢？我该怎么开始呢？是不是我要做很多的准备呢？

确实，也许很多人会帮你安排好很多步骤，他们会说，第一你要学会定义问题，第二要收集更多的信息，第三要知道怎么样寻找点子，第四要做好心理准备，把一切抛之脑后，第五就是开始付诸实施。很多人告诉你只要按照这样一步一步走下去，很快你就能见到我，也许是对的吧，可是为什么那么久见到我的还是那么几个人呢？在我看来，没有那么麻烦，也许只要改变个小习惯就行了。

！了始开戏游？没了好备准，始开个一是只这在现，了好，吧趣有，在现说如比，以所乎忘我让是总事的趣有些那，了玩贪太我

候时的有是只，活灵、捷敏、立独我，边身你在都天一每我实其。的样么怎是底到我，你诉告就在现我

天哪！我还以为发生了什么事情呢，我还是按照原来的方式进行着阅读，突然发现这不是传统的方式，开始的时候我不习惯，可是现在想想，有什么不可以的呢？有人说这只是阅读习惯，习惯是可以养成的，平时我们书写从左开始，是不是因为我们用右手写字的缘故？那些左撇子怎么办呢？他们不是同样养成了左手写字的习惯吗？天下最好玩的就是创意，真的感受到了，但是要和她真正相识相知，还是要经历一段漫长的旅程，相信在这段旅程中一定充满着意外与冒险，充满着欢笑与感动。现在我似乎明白了，拒绝创意源于那些看似理所应当的习惯，我发现只要在不给别人带去大麻烦的原则下，什么都是可以改变的，只要相信“唯一不变的就是我们一直在变”；只要相信改变会带来创意。

我能带来什么？我能让人感慨“这个太简单了，我怎么没有想到。”我能给人带来无穷的快乐；我就像那快要用完的牙膏，有时候你觉得它用完，但是你再想办法挤挤，总还是会挤出来的。

我有着强烈的好奇心，无限的想象力，敢于接受挑战，有着冒险精神；我时刻充满自信，审美能力，做事高度专注，有着深刻的抽象能力；我有着坚韧不拔的意志，勤奋努力的精神，充满着激情与热情；我有着广泛的兴趣爱好，珍视与渴望自由，有着永不满足的追求；我敢于挑战权威，有着幽默豁达的性情。我是谁？我就是创意。如果我们能够在一起，你也一定可以和我一样！接下来我给大家介绍几位我最好的朋友，我们几乎天天黏在一起。

洛克菲勒，人们称他为奋斗一生的“财富英雄”，他成为世界

首富用了一生的时间。

比尔·盖茨，被人们公认为快速致富的财富天才，他成为世界首富用了20年的时间。

互联网时代的“财富神话”谷歌创始人拉里和谢尔盖，成为世界首富用了7年的时间，人们都开始惊讶道理何在。

他们和我关系可不一般，我们彼此之间有过很深刻的交流，当初，比尔·盖茨就是想改变DOS下的那个黑屏，给所有软件提供一个简单、美观的运行窗口，那天我们一起在窗前欣赏风景，没多久Windows就诞生了。Google开始的时候，他那“简单的搜索条”被很多软件工程师嘲笑：“这个也能发财？！简直太离谱了。”可是那个时候我一直陪在他身边，支持着他，没想到，现在这个搜索条几乎包涵了全世界。

创意，原来你那么厉害，可是这些人好像是不同年代的吧，你都那么熟，那你到底有多大了啊？

这个秘密都被你发现了，我只能告诉大家了，人类的发展离不开我，过去是，现在是，将来也是；只是时间久了，认识我的人也越来越多，所以发展会变得越来越快。当然，我带来的不仅仅是财富上的“奇迹”。只要有我，下一个“奇迹”的出现，只需3年到5年的时间，那个创造者会是你吗？不知道，但我知道一定会和我有关！准备好了吗？和我一起的旅程开始了！

第一章
寻找——创意
她就在你的身边

在中文中，有些词本身就很有气质，“创意”就是这样的一个词。

我们去寻找的是创意，其实真正需要的只是改变，一个个简单的改变。

创意从改变开始，改变从脚下起步。

创意不是一种技巧，而是人生资源的积累和能量的开发。

——陈刚

没有任何人去过创造之地。你必须离开舒适的城市，走进直觉的荒野。你将会发现精彩绝伦的世界，你将会发现你自己。

——艾伦·艾尔达

她神秘，她高贵，她拥有非凡的气质，以至于无数人为之着迷。创意她能给人带来欢笑，能给人带来改变，甚至能给人带来感动与泪水，能给人带来新的人生与命运。也许她是……也许她是……

每一次当她来到身边的时候，我就觉得眼前的问题可以解决了，她是每个人的伙伴，每个人心里都有一个自己的创意。创意她到底在哪里？从现在起做个有心人，从你身边最熟悉的地方开始，寻觅创意，但也许真的只是缺了一个蓦然回首。

创意让人觉得无比陌生，可是又觉得好熟悉。只要你自己做好充分准备，准备迎接创意的光临。

我们的每一天离不开衣、食、住、行，创意就在那里。接下来试着按照我说的去尝试一下，看看你能见到她吗？

第一节 从树叶一路走来

不知道是从什么时候有了衣服这个词，从亚当、夏娃偷食禁果之后，那几片树叶也许就变成了最早的衣服；当然，印第安人的祖先从西伯利亚的东北部跨越白令海峡的冰桥到达了美洲大陆，他们当然不是赤身裸体走过去的；两万年前的北京山顶洞人，开始使用工具来缝制动物的毛皮制作衣服以御寒。这里面的每一次的简单改变，都是伟大的创意。丝绸之路不知传递了多少惊喜与感动，不知多少人从那美丽、舒适的衣服上得到无尽的满足，这些是衣服给人们带去的，这些美丽的背后难道不是创意在行动吗？每个细节的改变都可能变成伟大的创意，几万年以来，衣服走到今天，已不再仅仅是只为了遮羞御寒了，它可以让穿着的人更有自信，也能给别人带去无尽的愉悦，分享美丽。相信那只是刚刚开始，美丽的分享还将一路走下去。

行动 1 设计一件迄今为止从未出现过的衣服

外面的大雨倾盆而下，为了不被雨水打湿，雨衣是不是就这样出现了？如果有一天我们能拥有一件不会被淋湿的衣服该有多好！很想去享受外面的倾盆大雨，让这一切变成真正的幸福，也许真的是很简单。衣服在这一刻变得不再是负担，也许真的就会变成了一种增加快乐的道具。

我能不能为自己的内心披上一件雨衣，是不是这样就不会受到泪水的倾打？这样一件“心雨衣”哪里有卖呢？它又会是怎么样的呢？

先要改变的是你的想法，哪怕那是一次最简单的改变。把这些改变记录下来。

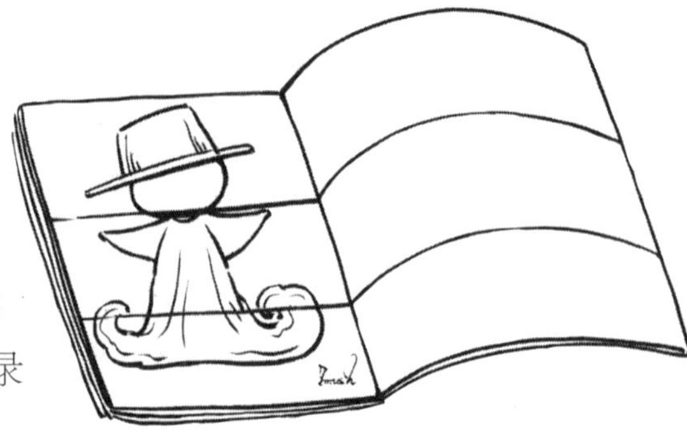

名称：

设计图：

设计概念：

你的广告语：

创意小贴士

1. “衣服”这个词会不会束缚了你的想法，你可以不要去把它当成是一件衣服，它只是一样你能带着一起走的东西，它会给你带来的是舒适与满足，甚至是欢笑。

2. 这个活动可以从小组活动开始，先要求小组每个成员独自完成自己的想法，然后小组内部交流，整合出一个最佳方案。接着小组之间再交流，评选出各种创意奖项，如最感动设计奖怎么样？

我的衣橱原来也是那么的与众不同

去尝试你没有过的那种搭配方式，这种搭配你没见过，甚至原来想都不敢想。改变从你早上的那件衣服开始。不要觉得你的衣橱里面没有漂亮衣服，只要你试一下，小改变带来大意外。

行动2 设计我的“心服装”

留给自己一个下午的时间，在家里好好整理一下你的衣服，是不是发现，原来你的衣服也不少啊，不要用“我是个不在乎外表的人”来搪塞你自己，有没有花很多的时间来好好搭配一下这些衣服，给自己这样一个下午，要知道这可能是一个脑力活，更是个体力活哦。用照相机拍下你的那些得意的作品，不要忘记那些细节，也许那才是给人带来惊喜的地方。这样的照片越多越好，越新奇越好。我们的目标就是要筹备我们的创意服饰发布会，挑选我们的最佳服装设计师。

创意小贴士

1. 那些不会出现在你衣橱里的也许很适合出现在你的身上，只要你觉得舒服，没有什么是不可以的。会不会是厨房里的那些东西？

2. 根据参加活动的人数来确定征集照片的数量，如果 30 个人，这个数量最好可以在 100 件左右。安排时间来讨论这些照片和方案，看看大家都提出了些什么意见，大家的评价又会是什么样的。还有就是别忘了评选哦！“最红展示奖”会是你吗？

行动 3 我们的约定

这一天我们约好同时去做一件很简单同时又很有趣的事，关于这件事，我们的任务就是用自己的行动让我们身边的人都加入到我们中间来，越多越好。那到底是什么事呢？

“改变，从脚下每一步开始。”

你出门的时候也许会把袜子穿错，一只黑的，一只白的，那鞋子你会穿错吗？今天你就要这样穿，你不用再为这两双鞋中，到底该穿哪一双而烦恼了，你两双都可以穿。

今天我们所有人都是这样，那些脚上穿一样鞋的人是多么奇怪啊！

创意小贴士

我们需要想出一些好点子，并不仅仅是我该为我的左脚和右脚去选择怎么样的鞋子，我们要想的点子还是怎么样让更多人能加入到我们的队伍中来。我们分组来完成这个任务，最后评价这个小组的方式，第一就是参与这个活动的人数，第二就是为这个活动又继续安排了哪些系列活动。让我们大家都行动起来吧。

创意从改变开始，改变从脚下起步。

行动4 美丽大变身

一把剪刀，一些材料，一个念头和一种冲动，会发生一些什么事情呢？

现在要做的就是，从头开始改变自己，让自己不认识自己，让自己和之前大不相同。改变之后在自己的身上看见了哪些意外？拍下改变前后的照片，让大家好好感受一下改变的力量。但是使用的只能是这些规定的材料，会发生些什么呢？期待……

创意小贴士

1. 按小组来完成这个任务，给大家相同的时间来完成作品。

2. 材料准备：

规定材料：旧衣服、旧鞋子、废旧布料、吸管、纸杯、塑料袋、辅料等。

自选材料：允许每个小组自行选择一种材料。

工具材料：剪刀、针线、铅笔（不能作为材料使用）。

3. 如果可以，再提供一些化妆的颜料，来一次颠覆性的改变。

4. 一定要给大家时间，好好介绍一下自己的变化。

行动 5 心 show

这将会是一个大舞台，在这里我们可以展示我们的改变，我们将会发现改变会给人带来那么多的满足感。今天，你的同学老师都会来到这里为你加油，你一定要把自己最好的一面展示在大家的面前，我们一定会玩的很开心。

这将是一个让人尖叫的 T 台秀，我们将会亲手搭建我们的秀台，在这里，一切都是我们做主。我们要把创意在每一个细节上都表现出来。

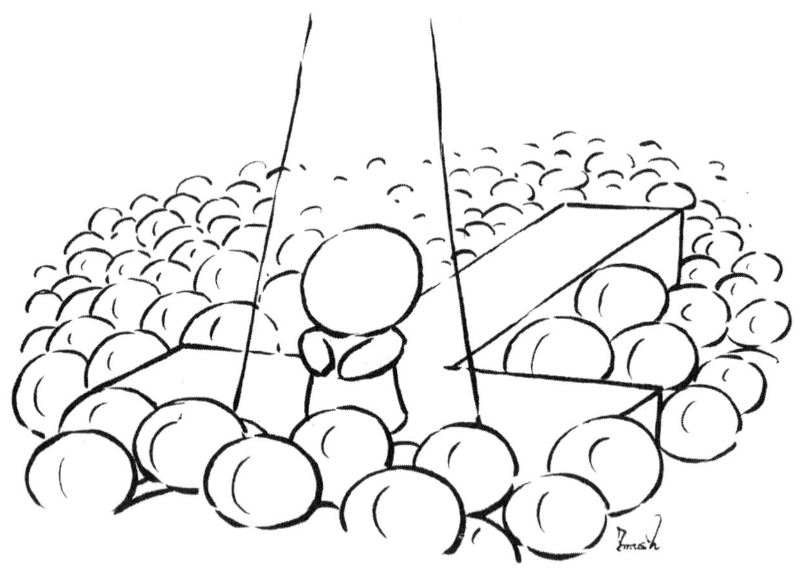

创意小贴士

1. 这是一次创意展示的平台，更是一场创意秀，我们要把之前完成的创意在这个舞台上尽情的发挥。

2. 不要忘记音乐与灯光，这是一场秀，这是一个展示你创意的大舞台。

3. 邀请更多的人参与到这个活动中来，让更多的人来感受我们的创意。

第二节　我的咖啡少加盐

咖啡加糖，也许我们太习惯，加点其他什么呢？没什么不可以。奶加茶就有了奶茶，咖啡加奶茶又有了鸳鸯奶茶。你是不是也梦想着能创造出属于你的独一无二的美味饮品呢？

你每天会把吃东西这件事给遗忘吗？你关心过你每天吃东西要用牙齿咀嚼几次吗？你有什么样特别的饮食习惯吗？或者说有哪些意料不到和吃有关的事在你身上发生过吗？事实上，可能有些东西对于你来讲太自然，自然到你不会去想到它。现在我们要做的，就是去思考一些我们觉得最正常的东西，我们要让这些“再正常不过的事情”，变得那么的不正常。

大家喜欢吃糖葫芦吗？当你被它的美味所吸引的时候，你是不是会想知道它的来历呢？据说，宋光宗皇帝为了给自己心爱的妃子治怪病，才想出了这么个好主意。是不是好的创意只有在一些危机的时候才能出现呢？

南宋林洪，大雪天，本来想吃烤兔肉，可是没人会烤，于是决定把兔肉切成薄片，然后投入沸水中，配合不同调料，没想到如此美味。是不是美味都是意外收获，好的创意都会在不经意间出现呢？

每日三餐，可以说，吃，是我们平日里做的最勤快的一件事，那这件事可以变得多有趣呢？又会有多少意外，多少改变呢？只要用心，就会发现属于你的“心”美味！

行动 1 自创饮料

根据自己得到的饮品、配料、容器、配件，自创一杯饮料。拍下照片，把它贴在这里。

饮料

全世界唯一的、我的“心饮料”

描述一下你的“心饮料”和你的感觉。

创意小贴士

1. 活动分成两个环节：制作与推销。可以根据实际情况给予不同时间限制。

2. 评分标准：

（1）美味程度 1～10 分

（2）外观装饰 1～10 分

（3）自创称呼 1～10 分

（4）推销方式 1～10 分

（5）整体创意 1～10 分

3. 分小组活动。获胜的一组可以为失败的一组准备一杯特别的饮料，必须全部喝完，当然失败的这组也有机会，迷惑大家，让大家猜一下到底是谁喝到了特制饮料，如果猜错的人多，那么你们反击的机会到了。

行动 2 你饿了吗？

现在应该到了饭点了，可是你却被关了禁闭，不让你吃东西。你的同伴为了帮你，偷偷地给你送吃的东西，可是你坐在椅子上，双手被绑在身后，不能移动，你的伙伴离你 3 米之外，你快要饿得不行了，伙伴们能把吃的东西送到你嘴里吗？有时候吃东西不能自己吃，只能别人喂，真的是幸福吗？

意小贴士

1. 食品准备：彩虹糖，饮料，小蛋糕（圆的），沙琪玛，小馒头。

2. 工具准备：一次性塑料杯子 2 个，一次性纸杯 2 个，吸管 10 根，绳子 4 米，牙签 20 根，回形针 5 个，绒条 10 根，30 厘米细棉线 1 根，一次性纸碟 3 个，A4 纸 3 张。

3. 每个组都给予相同的时间 8 分钟。时间到了以后就会有守卫来哦，快吃吧！

4. 根据最后吃到东西的数量来评分，掉在地上的食品是要被扣分的哦。彩虹糖 3 分，小蛋糕、小馒头 2 分，沙琪玛 1 分，饮料 5 分。

千万不要忘记在整个过程中拍照和摄像，一定要记录下大家的飒爽英姿，相信这样吃东西一定能让大家印象深刻。

行动 3 我有我的办法

中国人吃东西用的是筷子，外国人用的是刀叉，大家总会选择适合自己的方式来得到美食。准备好了吗？马上将会有好多的美食放在你的面前，只是每一次你们必须使用一种全新的方式来吃到美食。切记整个过程中，手始终不能碰到食物。在美食面前，创意无限。是不是创意她就是个诡鬼呢？

意小贴士

1. 食品准备：巧克力、彩虹糖、水果糖（记得要多准备点哦）。

2. 工具准备：牙签、吸管、铅笔、带笔套的水笔、回形针、棉线等。

3. 每次被使用过的东西，就不能再被使用了。

4. 每次只能吃一个。

5. 以小组为单位，开展竞赛，每个组的成员必须轮流来尝试，只有当一个人完成时，下一个人才能接上。

最后在规定 7 分钟的时间里，看谁吃掉的最多。

记录下你们小组在整个过程中使用过的吃东西的方法。如果时间充足，你们可以继续尝试，把所有你们的想法尝试一下，并记录下来。千万不要轻易放弃尝试。

序号	方　法	序号	方　法
1		2	
3		4	
5		6	
7		8	
9		10	
11		12	
13		14	
15		16	
17		18	
19		20	
21		22	
23		24	
25		26	
27		28	
29		30	

选择一种你们小组觉得最棒的方式来和大家一起交流。有些怎样神奇的方式会出现呢？这些吃东西的方式会不会形成一种“心”潮流呢？我们一起期待着！

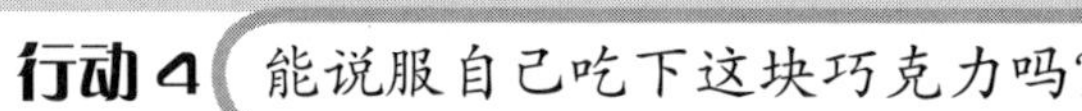

这里有好多巧克力，怎么才能给自己一个理由让自己吃下这块巧克力后又不会有负罪感呢？要知道你可是答应了妈妈，要好好减肥的哦！这个时候，妈妈又恰好回来了。怎么办？怎么办？赶快说出一个理由来让大家信服，让妈妈不责备你！

意小贴士

1. 选择 5 名同学上台，在他们面前放好巧克力，每人说出自己的理由，答案最棒的那个同学就可以吃一块巧克力。
2. 台下的同学都充当评委，由他们来决定每一轮谁的答案最棒。
3. 一共进行 7 轮。

把你觉得最好的答案写下来，当然也许你有更好的答案，要是换成了其他吃的东西，你又会怎么说呢？答案会有什么不一样吗？记录下来。

这是我偷吃的最好理由，我可以吃了吗？

行动5 这是我的午餐

一日三餐，你都有好好欣赏过吗？你还记得小时候不好好吃饭，总喜欢不停地拨弄饭和菜吗？现在，你重温儿时梦想的机会来了。在每一次你吃饭前，稍稍改变饭和菜的一些东西，让你的面前出现一张“笑脸”，马上拍下来。这到底会是一张什么样的脸呢？你的这些举动不会再被妈妈责怪了，尽情去拍下你的作品，然后再开开心心的把它吃掉。

意小贴士

1. 按照小组布置的任务，要求小组每个人都回家拍摄这样的“笑脸”。

2. 每个小组再根据组员的这些照片，准备展示活动，展示方式不限，越新颖越好。

3. 对小组和个人进行评比。

“好多好多笑脸啊，有一些简直就是浑然天成，其实我什么都没有做，这张笑脸本来就是这样的。”你是否也有同样的感受？把你觉得最有创意的照片贴在这里。

最美的笑脸就在这

关于“美食”，似乎我们有着说不完的想法。创意也是，她不会错过任何出现美食的地方，她也不会放过任何美味佳肴，你要做的就是在享受美味的同时不要忘记她，平时你也只是过多地把心思放在食物上了。好了，忍耐一下，为了过会可以吃得更香。

你还有什么关于“吃的”有趣的事情吗？和你的同学、老师、父母好好讨论一下，一起找到那些有趣的事情吧。

创意大冒险

尝试所有你能想到的可以用来喝饮料的容器，把所有你想到的都写下来，然后一个一个去真正尝试一下。找到愿意来参加这个活动的同学，我们一起来完成这个疯狂的任务。花盆、笔盖等等，什么都不要错过哦！

第三节　那不是浴缸，是我的床

还好我不是活在公元5世纪的西方，那时候，在浴缸里面泡澡可是大禁忌。要是如此的享受被剥夺了，我的生活会是什么样子啊？“使用浴缸等于罪恶”，至今还是有很多西方人拒绝浴缸，是不是浴缸的形状不好看呢？那是不是浴缸的样子变成了床，床的样子变成了浴缸，大家就会接受了呢？

厕所和浴室为什么一定要连在一起呢？是什么时候开始的啊，现在大家早已习惯接受这样的事实了。可是为什么不能改变呢？浴缸是否可以放在餐厅里（单人餐厅）呢？要是你能来设计自己的家，你会怎么做呢？

相信每个人都会有一个关于家的梦想，对于自己住的地方总会有那么多让自己感动的细节，因为在家，我可以完全让自己放松

下去，可以去幻想一些平时没有机会去想的；让自己拥有一个可以放松的地方，一定对寻找创意有帮助。梦想总是遥不可及，是不是该放弃？不是的，一个简单的举动就能让你离你的梦想更近一步。

行动 1 这是我住的地方，太棒了！

做梦吧，让我们开始做梦吧，虽然现在是白天，谁说白日梦不能变成现实呢？也许不久的将来，你的梦就变成了现实。那我们该做的是什么呢？告诉大家，你心中“住的地方”的样子。也许你心中有好多关于梦想家园的冲动，没关系，全部说出来，并写下来。你们明白我的意思了吗？把这些画下来还不够，要把它做出来。从今天开始，你就是最棒的设计师，你要亲手建造自己的梦想家园。

创意·相识

意小贴士

1. 按小组活动，每个人说出心中“住的地方”的样子。

2. 把这些想法写下来或者画下来，越多越好。

3. 材料准备：小小的彩色纸，一个透明的瓶子。让大家把想法写好后，全部装满这个瓶子。不要担心需要花很久时间，让梦想装满它，多幸福啊。

4. 完成这个任务之后，千万记得大家一起拍照留念。

5. 分享的时候到了，我们现在开始交换梦想，每个人从瓶子中抽取一个梦想，这个想法你想到过吗？你此刻有什么感觉？在彩色纸的背面写出你自己的感受。

梦想真的在飞，住的地方可以不在这个地球上吗？这个地方到底是个什么样子啊？我多想看到啊。可以的，现在把梦想还原吧，要真的离梦想很近。对待自己的梦想，千万不能马马虎虎哦。

意小贴士

1. 记得那些被大家分享的梦想吗？别人的评价你觉得怎么样呢？每个小组，把这些梦想放在一起。

2. 去准备你们的梦想材料，准备去实现梦想吧。哪个梦想？你们要做的就是把这些抽出来的梦想全部组合在一起，制作成一件完整、独立的作品。

3. 作品大小只能放在长 60cm、宽 60cm 的长方形区域上。

4. 给这个“住的地方”起一个名字，还要配上一份关于梦想的完美介绍。

5. 真是太棒了，真是太期待这一切都能变成现实。

这是一个漫长的过程，从你梦想开始，到现在你的梦想家园呈现在你的面前，他是你想象中的样子吗？把那些感动的片段记录下来。把你认为最好的梦想也记录下来，无论最后是不是真的实现了，你要记住，将来也许能实现。

行动2 我爱我家的空气

家，一个最满足的字，一个最感动的字，同样也是一个最创意的字，有多少创意是在家出现。因为只有在家，才能让你感到纯粹，创意她也需要家，我们每个人的家都是创意的家，因为全世界永远不可能找到一模一样的家，每个家都是独一无二的。你真的很了解你的家吗？你知道你家里一共有多少东西吗？这些东西你平时都用到过吗？你在家的时间一定是你这辈子最长的，那就花那么一点时间，好好看看你的家，看看你住的地方，仔细看看，遇到问题的话不妨问问你的爸爸妈妈。我们看的是什么呢？记录下一天之内，你用过的家里的东西，你究竟一天在家到底要用多少家里的东西？有出乎你意料吗？千万不要漏了一样哦——你家的空气，没它可不行。你一天，到底用了多少样东西？ 50？ 100？ 300？我相信，一定不少。

我的使用清单

每个人完成自己家的使用清单，然后大家一起比较和分享。

根据这份清单，列出你自己在家使用次数最多的 20 样东西。

前 20 名

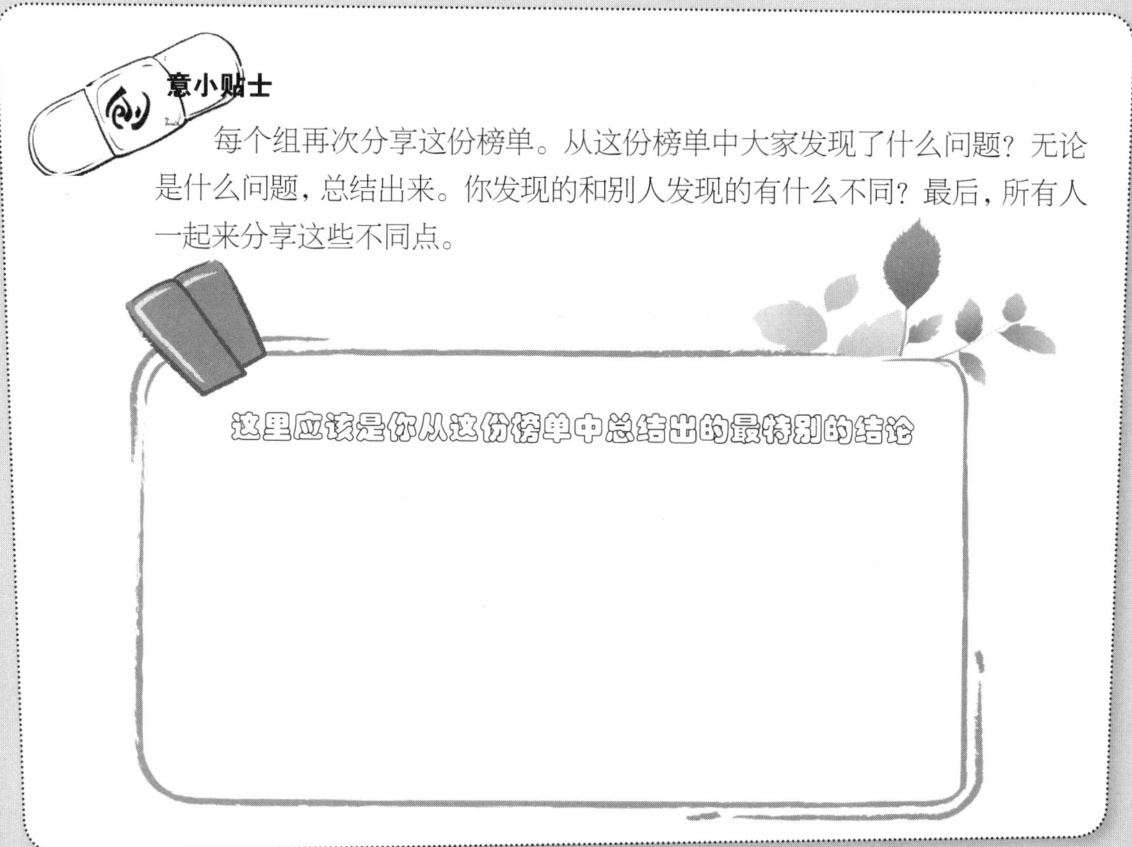

意小贴士

每个组再次分享这份榜单。从这份榜单中大家发现了什么问题？无论是什么问题，总结出来。你发现的和别人发现的有什么不同？最后，所有人一起来分享这些不同点。

这些能被你用的东西真的很幸福，他们被你爱惜，被你宠爱，甚至每天由你来帮他们梳洗。

“你什么时候才能再想到我啊，你还记得我的存在吗？你以前不是这样对我的啊。”

是谁在说话啊？声音是从角落里传来的呀！去看看，好多灰啊，真的好久没有用过它了。

在你家同样有着好多你好久好久没有用过的东西，甚至你想都没有想过。再次好好看看你的家，你住的地方。写出最被遗忘的 20 件东西。

最被遗忘的 20 件东西

创意·相识

随意找出其中一件不太用的东西，想出 10 种另外的用途。

最让人觉得意外的用途

行动 3 我的东西，我自己理！

妈妈总是唠叨，说我不知道好好整理自己的东西，把什么都堆得乱七八糟的。我才不是这样呢，我有我自己的方法来整理东西，效果好着呢！不信，等着瞧吧！

在生活的小细节中，其实无时无刻不蕴含着非凡的创意，但是要看你能不能睁开这双创意的眼睛了。听妈妈的话，好好整理自己的东西，收获的一定不只是整洁；也许你反反覆覆不停地整理，到时候妈妈又会说："不要再折腾了。"

"我爱整理"活动正式开始。任务就是把所有东西按照规定进行整理。你将成为"整理达人"吗？

创意小贴士

1. 整理达人入门级挑战

材料：给出一个玻璃储物瓶（有盖子，不能轻易放进所有的物品），6 块方积木、10 个铁夹子、10 把塑料调羹，10 根吸管。

任务：在规定的 3 分钟时间内，把所有的东西装进瓶子里，并盖上瓶盖。

说明：按小组参加活动，在过程中如何体现合作精神。

2. 整理达人中级挑战

材料：给出两个玻璃储物瓶，一大一小；20 块方积木、30 个铁夹子、20 把塑料调羹、20 根吸管、铅笔 10 根、小罐子、小玻璃瓶、一次性塑料杯 10 个（根据瓶子大小再做调整）。

任务：在规定的 5 分钟时间内，把所有的东西装进瓶子里，并盖上瓶盖。根据装进去东西的多少，来进行评分，但是装进小瓶子的物品分数按翻倍计。

说明：按小组参加活动，在过程中如何体现合作精神，同时还有一定的策略。

3. 整理达人终极挑战

材料：大拉杆箱 1 个；衣服、鞋盒等各式各样的东西。

任务：用最快的速度将所有的东西全部装进箱子，看谁用的时间最少。

说明：在装东西的过程中，原则就是不能破坏东西。

这里是让你绝望的照片

这是你感到自豪的照片

整理，绝对是一门艺术，你整理的成果那更是属于你自己的完美的艺术品。爱上整理，让你的家处处体现出你的创意。创意，她也爱整洁。

行动4 躺着最舒服的地方

说起最舒服的地方，你想到的是哪里？是什么地方？是你家里的床吗？还是你梦想中的某个地方？为什么躺着最舒服的地方一定要是床呢？可不可以是其他的呢？记住，我们要的是“躺得非常舒服”。愿意把你心中梦想的这个地方变成现实吗？在你面前有一张桌子，你们要做的就是改造这张桌子，记住这再也不是桌子了，这将是你躺着很舒服的地方，大家都想在这里躺一会。会不会躺在这里，就能梦到我未来的样子啊？让我们一起来改造吧！

创意小贴士

1. 按小组完成改造任务，给每个小组提供1张大桌子，4把椅子。

2. 不能对桌子和椅子进行破坏。

3. 小组成员需要先躺在桌子上来体验，最好先能确定方案。

4. 提供一个创意素材库，每个小组能在里面随意挑选所需材料；也可以自行准备素材。

5. 评比依据：

（1）视觉冲击力；（2）舒适程度；（3）概念的创造性；（4）独创新颖。

6. 大家一起来躺一下，你感觉到的是什么？选出你最喜欢的！

看，我躺在上面真舒服啊！

躺着，舒服

创意素材库

要是第一次走进这个素材库，你一定会觉得这简直就是一个杂物间：里面什么都有，吃的、穿的、用的，甚至还有好多垃圾。把平时不需要的东西，扔掉的东西全都放进这个素材库里来，要知道这些可都是宝贝，只是他们都在等待着创意的到来，等待他们的生命力再次怒放。

行动5 我家变变变

最熟悉的地方，我相信你一定会觉得是你家。每天见面，你是不是觉得有点小麻木呢？你是不是在心里想过很多遍，“要是等我有机会，一定要好好把我家改造一下”；可是你是不是又怕麻烦呢？现在，你不必再有任何顾忌了。改变，从现在开始，从你家任何地方开始，你要做的就是让它变、变、变，变得和之前完全不一样，而且还是变得那么让人意外。

创意小贴士

1. 先要确定你打算改造的是家的哪一部分，可以是你的书桌、客厅的一角，也可以是你的衣柜，任何地方都可以。拍下改变前的样子，做个留念。

2. 给你接下来带来的变化起一个名字，可以是改变的原因，改变后的风格，甚至你为了改变用掉的“钱”，一切和这次改变有关的都可以，记住，要给大家带来意外。

3. 开始吧，随你做什么都行，因为这是你家。大功告成了吗？拍下来，选择同一个角度哦。

4. 对比这两张照片。“天哪，这是同一个地方嘛？骗人的！”

5. 分享每个人的照片，分享每个人的改变。评选各个创意奖项。

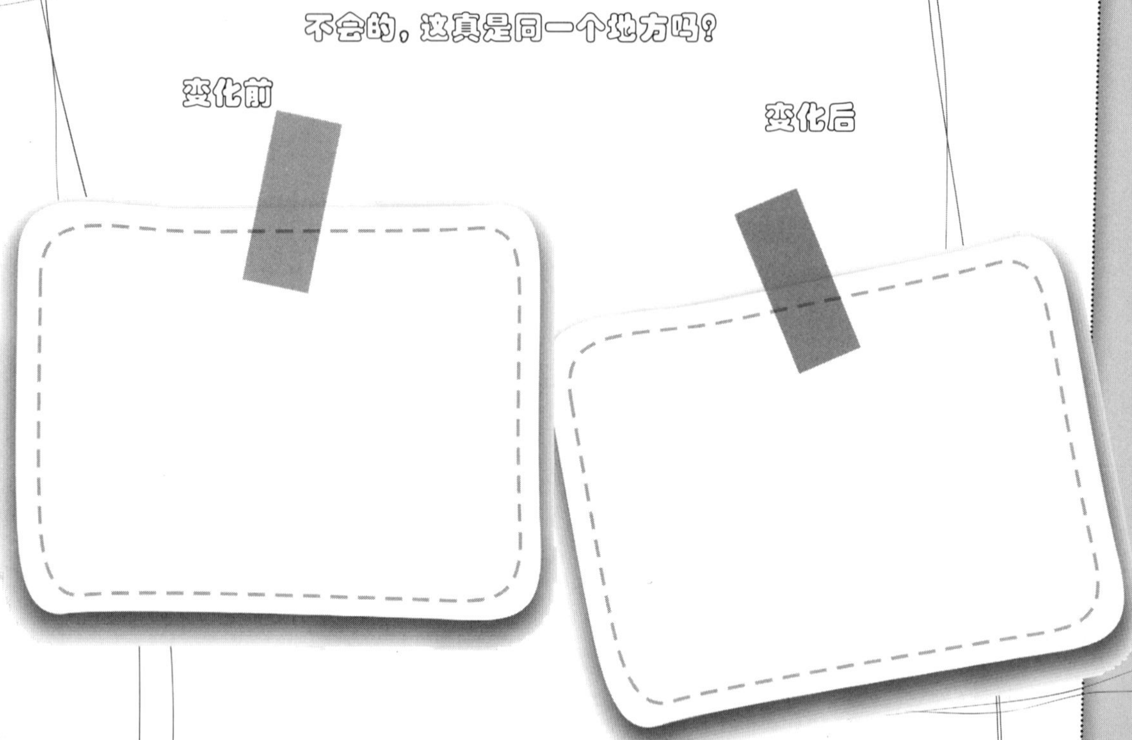

不会的，这真是同一个地方吗？

变化前

变化后

这些改变天天可以发生，每一次都会是那么棒，但我仍然坚信最好的一定是下一次。

创意大冒险

吃饭的时候，我坐到了餐桌边；睡觉的时候，我躺在了床上；洗澡的时候，我走进了浴室。一切都是那么自然。要是吃饭的时候，你走进了厕所，是不是觉得怎么那么不和谐啊？现在，在你住的地方，去尝试不那么和谐的事情，也许，很快，不和谐会变成真正的和谐，你就是第一个这么做的，兴奋吧！生活中的理所当然，也是可以被改变的，只要你愿意！

第四节　男孩们，穿上你们的高跟鞋，我们出发！

路易十六为了不让自己的女官晚上到处游玩，特地做了一批高跟鞋让她们穿。没想到的是，为了限制女官行动的高跟鞋，现在竟然成了每个爱美女人的必备。每个改变，从它诞生的那一天到现在，到底会出现多少的变化呢？又有谁能保证，我们现在的一个改变，会为将来带去多少惊喜和意外呢？

让每一个改变先从你的胡思乱想开始吧。上学路上，你是否想过地铁能犹如云霄飞车般刺激，滑板能带你到任何你想去的地方，战斗机和F1赛车成为出行的交通工具。汽车的停车难将来还会是问题吗？也许会是汽车胶囊，或者汽车自己可以变形……

Keep thinking！未来就在我们的思考中，也许你的那些被人嘲笑的想法会渐渐变成现实。

创意·相识

行动 1　我的上学路

家到学校，这是一条你再也熟悉不过的路了吧。可你是不是又真的那么了解呢？这些你最熟悉不过的地方，你所看到的东西是不是和别人不太一样呢？让我们再次走上这条最熟悉的上学路吧！首先，对于从家到学校的线路，你自己要好好设计一番。但是我们需要的可不止一条线路哦，你设计的这条线路是不是包含了你独特的创意呢？我们拭目以待。

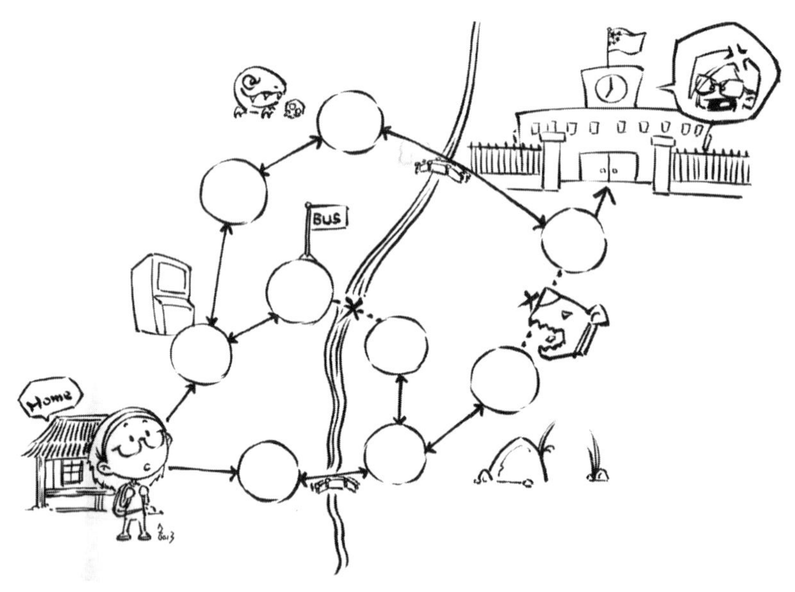

意小贴士

1. 家到学校的线路设计、方式选择、预计时间、特别说明。设计线路越多越好。

2. 在这条线路设计上，需要包含你与众不同的地方。按照一般的思路，可能会是最方便的、最快的、最省钱的路线，那是不是还有其他的呢？绝对与众不同的，让人惊讶的。

3. 选择最具创意的方案，细化完成。

4. 亲自实践你所设计的线路，并有所记录。

5. 交流“你的上学路”，进行各项评选。

线路设计
方式选择
预计时间
特别说明
我的上学路

行动2 创意，在路上

让我们一起先来玩个飞镖游戏吧。假设墙上有一张上海地图，我们要在地图上找到三个你们要去的地方。在这三个地方之间确定一个终点，那起点在哪里呢？起点不如定在学校，而终点就是地图上确定的地方。接下来就按照指令，让我们开始吧。

热身一下

按小组先完成这样的造句："_________，在路上"，如"创意，在路上"，越多越好，越有创意越好。

_______，在路上　_______，在路上　_______，在路上

_______，在路上　_______，在路上　_______，在路上

_______，在路上　_______，在路上　_______，在路上

_______，在路上　_______，在路上　_______，在路上

创意小贴士

1. 确定地图上的三个地点，并确定1～3号点的顺序，按小组活动。
2. 每组按基本要求先后达到1、2、3号点，并完成相应的任务。
3. 学校→1号点→2号点→3号点，必须按这个路线前进。
4. 必须在每个点拍摄照片。

5. 在整个过程中需要寻找到“创意，在路上”这 5 个字，要求必须是 5 种不同风格的字体拍摄下来。（根据活动难度不同，所寻找的字可以有所变化）

6. 根据完成的 15 个短语，在“旅途”上寻找对应的“人”，拍摄照片，这个“人”要符合短语的要求。最先到达终点的队伍获胜。

7. 按每人 20 元的标准确定经费，使用的费用不得超出限制。

8. 展示交流整个“旅程”，并展示小组的收获。

9. 对于小组进行创意评选。

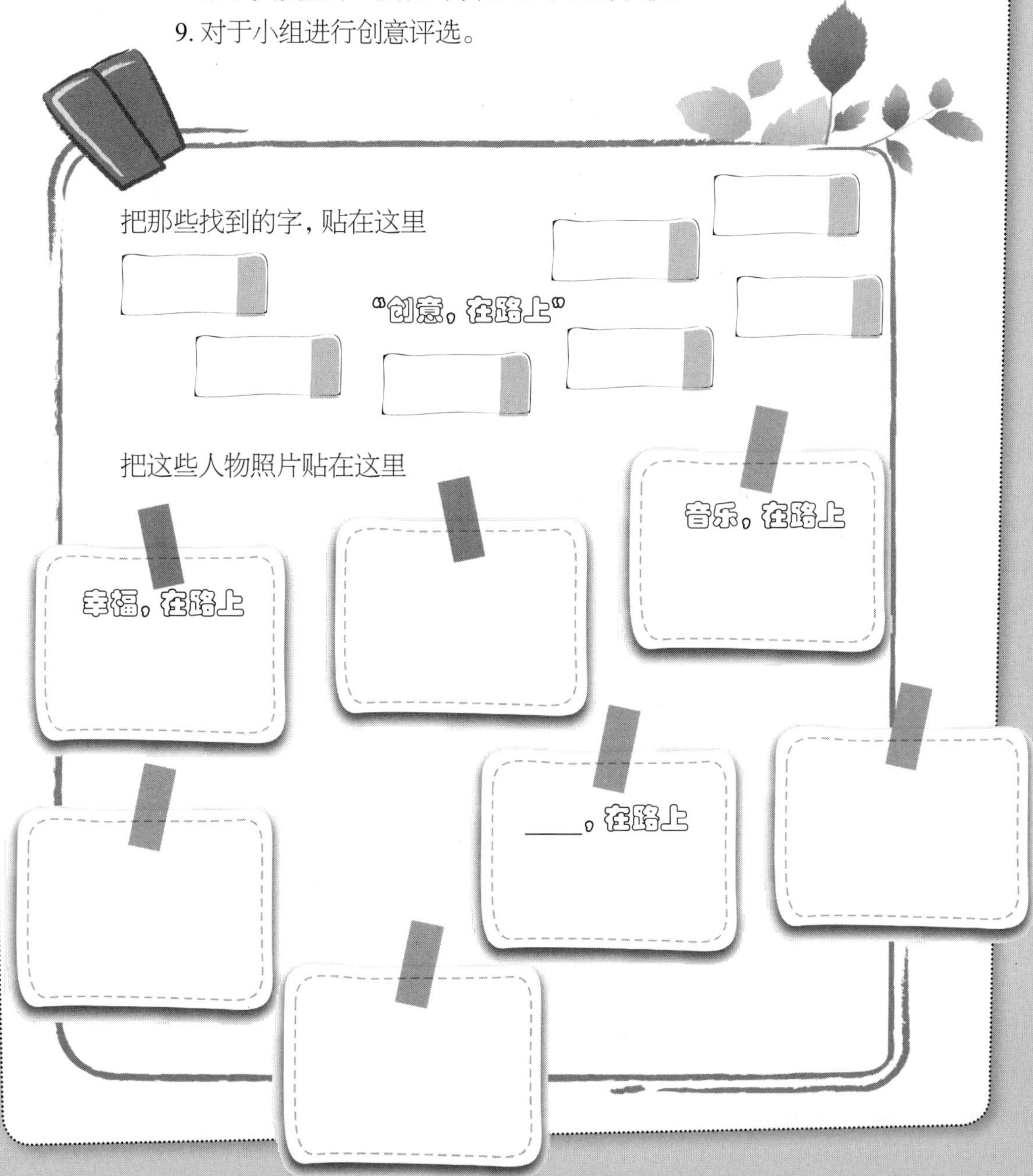

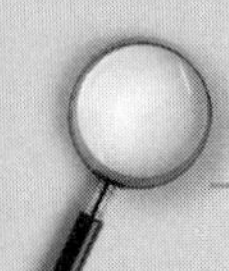

行动 3 不能错过的风景

你发现了吗？你周围的风景真的是好漂亮，每一棵树，每一朵花，甚至，雨天过后留在地上的水渍，真的都很漂亮。今天你可不能错过这里任何的风景哦。大家是否知道“定向越野”这个活动？我们今天也要来一场“创意越野”。我们比的可不是简简单单的体力，我们需要的是非凡的观察力。同样的风景，不知你们能不能看出不一样的感觉来，好好观察每一个细节，不要错过任何的风景。

意小贴士

1. 在校园里或者在附近的公园进行活动。

2. 分组完成，每一个小组完成两个任务。

3. 第一个任务：设计“创意越野”路线。

在公园设置 5 个创意点，并在每个创意点。设计一个问题，只有回答出了问题，才能得到下个创意点的信息。

4. 完成创意点的布置，及整个“创意越野”的准备活动。

5. 第二个任务：创意越野赛。

完成其他小组设置的越野活动。以最快的速度完成的小组获胜。

6. 可根据时间，分两次完成所有活动。

第一次，小组讨论，确定方案。第二次，越野赛正式进行。

7. 评选创意小组。

创意越野方案

创意点 1：

地点：__________ 问题或任务：____________________

创意点 2：

地点：__________ 问题或任务：____________________

创意点 3：

地点：__________ 问题或任务：____________________

创意点 4：

地点：__________ 问题或任务：____________________

创意点 5：

地点：__________ 问题或任务：____________________

活动记录照片

活动记录照片

行动 4 你是我的眼

在婴儿时期，你认识这个世界，用的是你的嘴，硬的、软的、甜的、酸的，你的嘴都会告诉你。慢慢长大，眼睛越来越被依赖了，我们越来越习惯用眼睛来判断周围的一切。现在，你的眼睛将会被蒙起来，你要做的就是找回婴儿时候的感觉，除了眼睛，其他的器官你都能好好使用，去感受你周围的环境。你将会被带进一个陌生的地方，你需要通过你的方法把这个地方描述出来，越准确越好。要知道，你的眼睛是蒙着的。小心，不要把花瓶给打碎了哦！

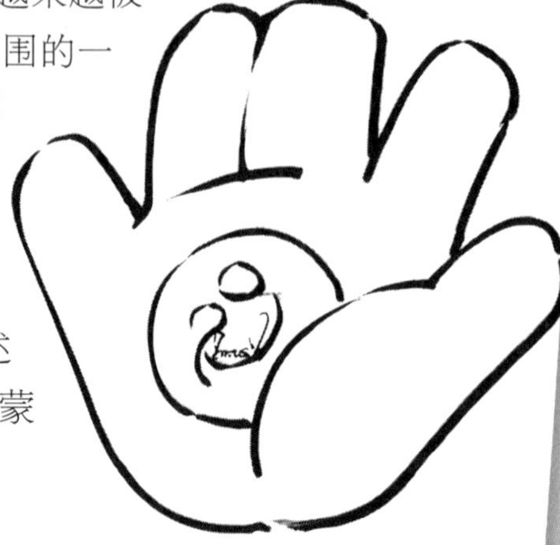

创意小贴士

1. 预先布置一个封闭的区域，包括里面每一件物品的摆放。
2. 区域的大小可以根据难度有所改变。
3. 一般感受的时间为 15 分钟至 20 分钟。

描绘出你感受的场景

4. 由一个伙伴带入这个区域中，其他人不能发出声音。
5. 感受后，用画笔描绘出来。
6. 创意评比。
7. 根据活动的感受，要求为盲人设计一件产品，让盲人也能感到快乐和幸福。

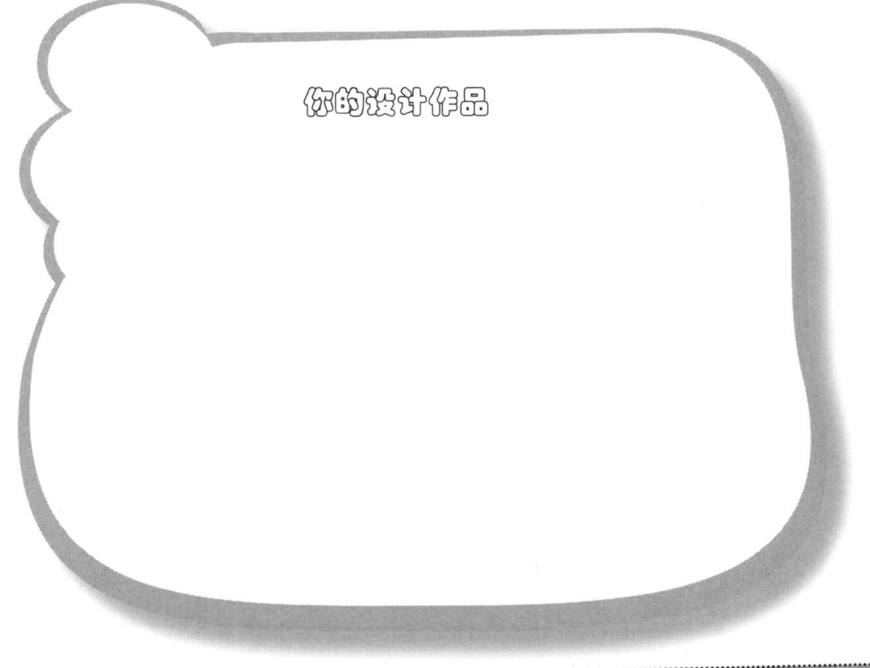

行动5 谁会陪你一起走？

这是一个下雨天，你打着雨伞，穿着漂亮的凉鞋，独自一人走在雨中。这样的桥段你是不是很熟悉？也许你都能猜出后面会发生些什么。故事难道一定是要这样发展吗？只有雨天才能和浪漫联系到一起吗？故事的主角可不可以是个小宝宝呢？故事到底会是怎么样，你们来决定！

创意 · 相识

创意小贴士

1. 小组按要求完成对以下 6 组词汇的描述，必须达到要求的数量，越特别越好。

天气

与你同行的人

出行方式

打扮

目的地

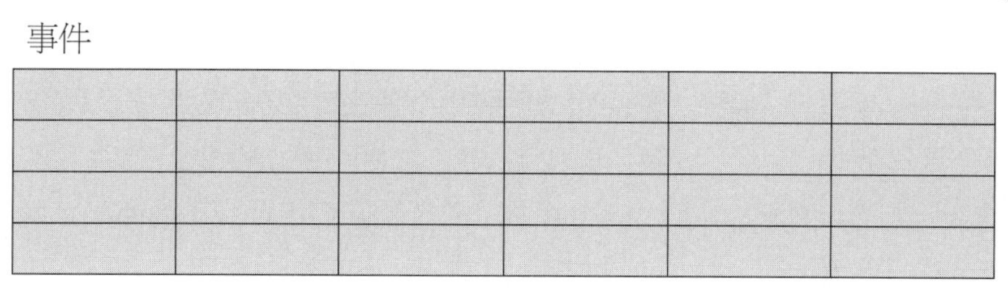

事件

2. 完成之后，恭喜你，你已经有了属于自己的随机词汇表了，现在就来一次随机选择吧！

3. 使用骰子；先确定哪一组，再分别确定横行与竖行，这样你就确定一个词汇了。

4. 根据确定的随机词汇，发挥你们的想象，来编写一个故事。

5. 交流你们的故事。

6. 评选创意奖项。

在这写下你们的故事，它会是怎样的呢？

我们的故事

创意收集

创意是走出来的

无论你今天到了哪里，无论你参加的是个什么类型的活动，无论你今天遇到了一些什么样的人，记住，你都可以找到创意，你唯一需要做的就是去发现，不停地发现你所感受到的所有东西的与众不同，或者是它们给你带来的惊喜。发现后，马上把这些记下来。

创　意　本

时间	描　　述	地点

也许你会说，创意怎么都是那么无聊，这就对了，创意和无聊一开始就是密不可分的一对。只要你能放松心态，接受那些无聊，你会发现“无聊”的身后就是“创意”。正如凯瑞·史密斯所说，

创意不是很用力就会有的，需要用“心”。

第二章

好奇——创意

迎接创意的来临，必须时刻对她充满好奇，只有好奇的人，才能窥探到她的神秘，才能走进她为你准备的“陷阱”。不过，就算是陷阱，你也会乐此不疲，因为她就是那么让人好奇。

假设，世界上原本什么也没有，而你是这个世界出现的第一个人，出现之后，世界上开始有东西存在了，那么你做的每一件事情都是在创造。只要你制作了，不管是什么东西，你都是个有创造力的人。

因为在婴儿眼里什么都是神秘的，他对一切都充满好奇心。让我们像婴儿一样思考与看待世间万物，一切都值得我们去好奇。保持童心，保有好奇心。

石器时代不是因为石头用光而结束的。

——匿名

生活是不断尝试新鲜事物，看它们能否起作用。

——雷·布莱伯利

但是我们不会对过去回顾太久。我们不断前进，开拓新的视野，做新的创作，因为我们有好奇心。是好奇心不断将我们领向新的旅途。

——华特·迪士尼

与其什么都不知道，总以为自己是正确的，不如有些错误的想法。

——爱德华·波诺

她，一直就像是一个长不大的孩子。你从她那充满好奇的眼神中就能感觉的到，她常常会对着一样你觉得再平淡无奇的东西傻傻地发呆，然后又满足地露出笑容。你会奇怪，她看到了什么那么开心，原来只是那颗本不该在此出现的尘埃。她好奇为什么尘埃会在这里出现，她好奇尘埃是怎么出现的，她同样好奇尘埃为什么不再离开。也许你会好奇，她是谁？谁会那么奇怪，去如此好奇一粒尘埃？要是你想明白她，就该好奇她的好奇，就像我们该先从好奇自己开始。

第一节 我 和 我

你对你自己是否还保留一些好奇心呢？也许当你走在路上，随意看到一人，你都会好奇，他会是干什么的呢？多大了呢？他此时此刻心情会是怎么样呢？似乎别人的好多事情，你都会感到好奇。在好奇别人之前，你是否想过，你自己本身也是别人所好奇的，那么为什么不好奇一下你自己呢？也许，你身上充满着让人好奇的神秘，留点时间给自己，好奇一下自己吧。

行动 1 镜子里的是我吗?

你每天照几回镜子?平日里你有没有好好看过你自己,我说的并不是相貌,也不是举动。你也许一直认为镜中的你就是自己,要是有一天,你突然发现,镜中的你不是你,是另一个你,那是不是会很有趣呢?和自己一起玩个游戏吧。这个游戏叫做镜子游戏。

创意小贴士

1. 这是一个两人互动的游戏,其中一个人扮演的是"我",另一个人扮演的是"镜中的我"。

2. 两个人面对面站好,中间摆放一个类似镜框一样的东西,各就各位,游戏开始了。

3. "我"听从动作指令开始做动作,"镜中的我"也必须同时做动作,要求是两人的每一个动作都要一致,如同照镜子一般。

4. "我"和"镜中的我"进行互换。

5. 在游戏过程中可以进行配乐,务必使得整个过程充满欢笑。

我是个男生,"镜中的我"却是个女生,这事情会发生吗?

行动 2 无处不在的我

平日你看到自己的机会多不多？如果你喜欢拍照，你一定会在照片上经常看到自己；如果你喜欢照镜子，也一定能在镜子里看到自己。可是除了这些，你还在哪里看到过你自己呢？现在就要去找自己，要将自己的相貌出现过的地方全找到。就好比那水中的月亮，水中的我是不是也很美呢？为自己出一本写真集，名字就叫做“无处不在的我”，准备好了吗？去找到自己。

创意小贴士

1. 按小组去完成此项任务，每个小组 5 至 7 人。

2. 大家一起讨论，可以在哪里找到自己，但是前提条件必须是利用随手就能拿到的东西，然后展现在大家面前。在限定的 5 分钟时间内，哪个组呈现的越多，哪个组就是优胜。

3. 罗列一下所有能找到自己的地方，也许那些“我”不是那么容易看得见，没关系，尽量写下来，越多越好，越神奇越好。

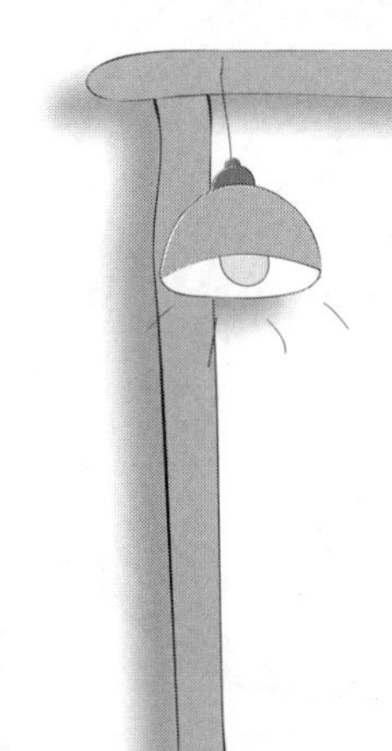

我在哪里？

（把“我”可能出现的地方全都写下来）

4. 去找到你自己，从罗列的地方选择出可以清晰呈现的一些，然后去找到自己，带到大家面前。

（我在这里）

（我在这里）

（我在这里）

行动 3 我一定看清我自己了

你是否感到过惊讶？你可是这个世界上独一无二的人啊，你怎么就对这个独一无二的自己没有感到过好奇呢？好好为自己骄傲一番吧，你是渺小的，同样也是伟大的；好好感受一下自己，你身上一定有很多你不曾注意、但是会让人感到很好奇的地方。好好看看自己，是不是要准备镜子啊？

找到你身上独一无二的东西。这将会是一次奇妙的重新认识自己的旅程。

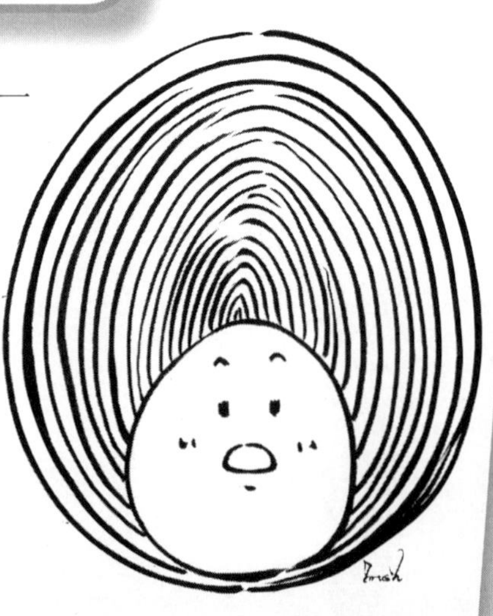

创意小贴士

1. 先写下自己觉得自己独一无二的地方，无论是外在还是内在，这种描述只能用于你一人身上，尝试一下，去发现你有多少的独一无二吧。

2. 你认识自己的时间是有限的，给自己 10 分钟时间吧。

3. 这样的独一无二，可以马上向大家展示出来。

4. 每人完成下面这张表格。

其实你身上的每处都是独一无二的，你没有发现吗？接下来我们就要向大家展示一下自己的独一无二，与此同时，大家一起比比，谁对自己是最熟悉、最了解的。

创意小贴士

1. 事先要做好准备，对于参与者进行拍照、录音。

2. 将参与者的照片进行简单处理，比如照片只呈现右眼。

3. 可以根据具体参与人数和活动时间，对照片的处理进行变化。

4. 将照片呈现在大家面前，然后相关的人就要站出来。

5. 如果自己没有站出来，其他人可以进行抢答。

6. 按照小组记录最后的成绩。

记住，这些都是你独一无二的。

行动 4 我怎么会是这样的？

难道你没有发现吗？你自己就是一个十分神秘的人，身上充满了秘密，甚至还有藏宝图，但是注意了，这些可都不是后期加工的，是天然的，纯正的。不要去怀疑自己了，我们每个人都是这样的。现在，你去发现你身上秘密的时候到了，而且知道这个秘密背后答案的也许只有你自己。让我们一起来揭晓谜底吧！

创意小贴士

1. 不要把目光移开，从你身上的每一处，去发现秘密，你要相信它们真的有可能就是线索。

2. 当你找到了线索之后，你该提出一个问题，这个问题一定很让人觉得有趣或者神秘。

3. 记住，只有你知道问题的答案，写出你自己的答案，把这个答案藏起来。

4. 那么有一个问题，是不是可以让大家一起来帮你解决呢？谁能找到“那把解题的钥匙”呢？

5. 对自己提问、提问、再提问，不停地提问。

6. 对别人的问题，回答、回答、再回答，不停地问答。

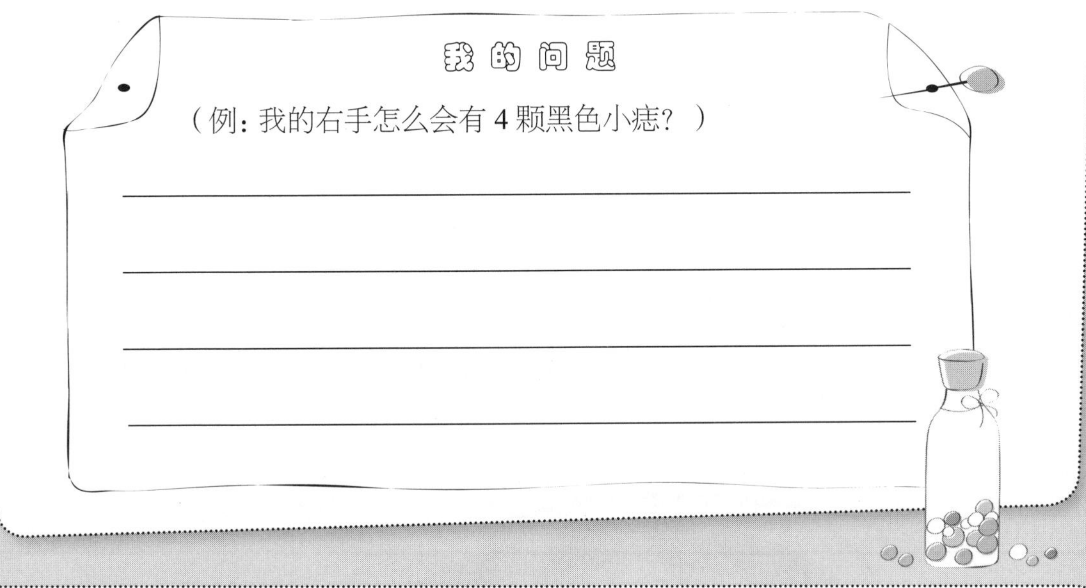

意小贴士

1. 在小组内分享所有的问题，选择一个最让人惊讶的问题。

2. 大家再针对给出的问题，尽量给出自己的答案，越让人惊讶越好。

问题：

第二节 我的眼里只有你

对任何事物、任何细节你都要存有一份天真的好奇心。当你睁开眼睛的那一刻，在你眼中的便是全世界，你看着，你听着，你感受着。错了，其实并不只是你在看，在听，在感受，你也是在被看着，被听着，被感受着，千万不能觉得一切都是顺其自然，一切都是理所当然。其实一切都充满着意外，充满着好奇。创意眼中只有你，她一直看着你，你发现了吗？

行动 1 “黑洞”游戏

黑洞是什么？你眼中的黑洞到底有多少神奇？黑洞的里面到底是一个怎么样的世界？其实我们每个人都在好奇，黑洞里面到底是什么呢？也许简单的事物就能给我们带来无穷的好奇，简单才是最大的好奇源泉。你眼中的一切从简单开始，从黑洞开始。

创意小贴士

1. 了解关于黑洞的故事或者知识，然后以小组进行汇报。
2. 分享完所有知识和故事之后，每个小组再原创一个故事，题目为“黑洞”。
3. 在故事创造中必须使用到提供的素材道具。
4. 素材道具：各式各样的“黑洞”。如，纸上、箱子上的等。
5. 每个组也可以创造出自己的“黑洞”。

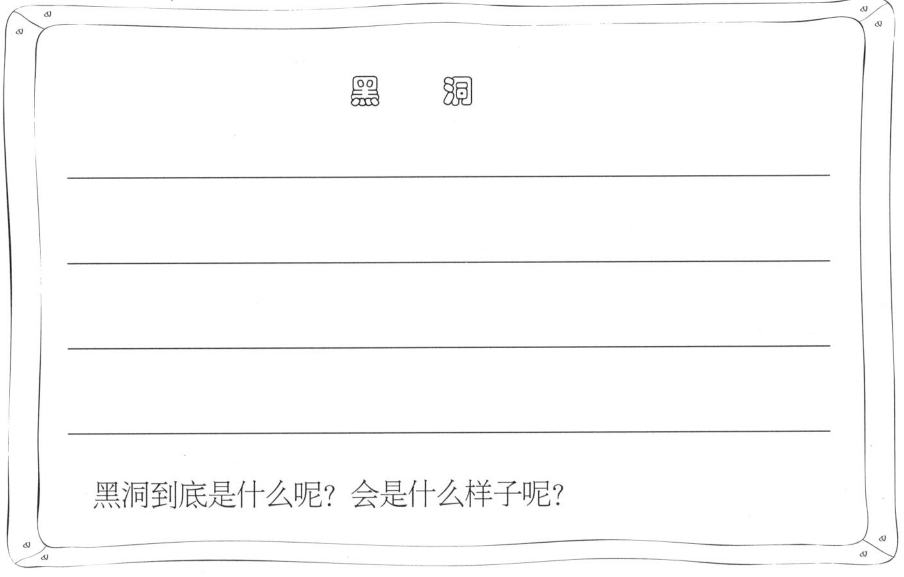

行动2 ATM

在1967年6月27日，英国人约翰·谢珀德·巴伦（John Shepherd Barron）发明的第一部电脑自动提款机，安装于英国伦敦北部的柏克莱银行安菲尔德分行。从此ATM（Automatic Teller Machine，即自动提款机）改变了我们的相关习惯。ATM为我们提供了太多的服务，为我们的生活带来了太多的变化。这样的变化将一直延续下去。ATM还将会为我们的生活带来什么呢？我们拭目以待！ ATM，让一切都变得美好！

创意小贴士

1. 我们要去寻找身边的ATM，拍下不同的ATM机，统计好现有的功能。我们要关注的是功能，同样也要关注外形。

2. 写出下一代ATM能提供的二十项服务。

3. 设计一款未来的ATM，并对于自己设计的ATM做一次产品说明。

4. 根据这些未来的ATM功能评选出最“白日做梦”功能，最“必须实现”功能。

5. 评选最佳ATM设计奖。

我身边的ATM有哪些功能（贴照片）

ATM 的未来功能
我设计的 ATM

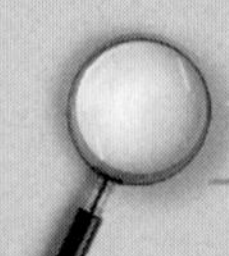

行动 3 我的品牌

是否有过这样一个梦想，拥有属于自己的品牌。我们每个人都有机会来创立自己的品牌，只要我们能坚持这样一个理念并付诸行动。我的品牌是关于什么的呢？衣服？鞋子？我们应该好好想想什么才是自己真正喜欢的东西，然后把它创建出来。这些并不遥远，让我们一起开始吧！

创意小贴士

1. 每人收集各式品牌 logo，选择 10 个大家都不是很熟悉的品牌，然后为这些品牌进行一次品牌说明。

2. 品牌说明一定要让大家深信不疑这个 logo 就是这个品牌的，但事实这个品牌说明都是你杜撰的。

例：

说明：

苹果品牌，让每个人都忍不住要咬上一口。

3. 在大家面前呈现 5 个小组成果，让大家一起来猜，哪一个是对应正确的。

4. 任务是要让大家很难猜出正确答案。（其中只有 1 种是正确的）

logo

说明：

意小贴士

1. 设计属于你自己的品牌 logo。　　2. 并对其进行品牌说明。

logo

说明：

行动 4 给我放大镜

你戴眼镜吗？是不是因为你视力不好呢？视力很好就不能戴眼镜吗？这可不是一副普通的眼镜，你是否想过自己的眼镜能有一些什么特殊功能呢？现在我告诉你，这是一副放大镜，能让你的眼睛变得特别大哦，这个还不是重点，更特别的是你看的每一样东西、每个人都会特别大。除了以上这些功能，还有别的哦，现在来试试吧。

创意小贴士

1. 准备放大镜以及 10 件杂物（随手就可以拿到的）。

2. 拿上放大镜好好看看这些杂物吧，当然你也可以看其他任何你想看的东西。

现在发现我们周围有着好强烈的求知氛围啊！

3. 根据你用放大镜看到的，提出 20 个问题。注意是用放大镜才能看到的哦。

4. 给大家 15 分钟时间，仔细看吧。

意小贴士

1. 现在规定一件物品，请你对规定的物品进行观察及描述，让大家一起来猜你说的是哪件物品。（尽量不能让大家猜出哦）

2. 解释你的描述。（真的要合情合理哦）

（我的独特描述）

第三节 他 和 他

世界上只有一个我，有许多许多的他，也许只有他，才能让我们有那么多兴趣，总觉得别人身上有好多的秘密，总是对别人充满着好奇，总固执地认为别人有的我没有。要是现在你有机会好好去看看别人，你会怎么样呢？你会非常主动，毫无顾忌吗？有一点一定要相信，确实可以从别人那里得到许多的意想不到。期待吧？让我们一起努力，从好奇开始！

行动 1 强制联系

两个毫不相干的人，两件毫无关系的物品，突然之间被联系到了一起，这些场景是不是经常出现在生活中呢？这种情况的后果，是不是总是会给大家带来惊喜呢？一定是一个让人觉得意想不到的结果。只要你相信，这一切真的会发生，我们要做的事情就是强制联系。记住，只有你没想到的，没有什么是不能联系的。

强制联系是一种将风马牛不相及的东西结合起来表达一个新讯息的描述方法。我们也可以称为跨界繁殖、强制组合、惊喜变形。让我们开始联结彼此吧！

1. 每个人写出尽量多的形容词和某些现存的功能、产品、服务。
2. 将形容词填满下面的表格。

形容词

现存的功能

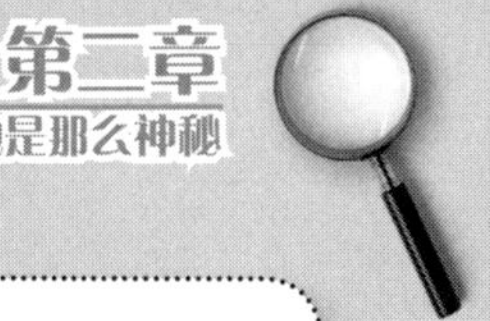

产品

服务

3. 随机选择一个形容词和某种现存的功能、产品、服务。

4. 将这个形容词强制联系到某种现存的功能、产品或服务上去，可能会得出有趣的新混合品种。

5. 推销这个产品，让大家接受。

意小贴士

如果你是一家中餐馆的经理，正为生意寻觅新想法。观察你周围的环境，选出三种随机的物品或词句加以联系，看看有何收获。

行动2 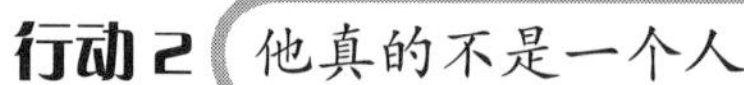

他真的不是一个人

在你的脑海中，是否常常会出现这样一个画面，一件很熟悉的东西一直存在于一个地方。你心中就常常会想：它一直没有变过，都在等待着我的出现，它是属于我一个人的。拜托，不要感觉那么好，试着从事物的角度出发，它会是怎么想的呢？

创意小贴士

1. 列举出一样，你觉得一直会存在着似乎不会改变的东西。比如说，邮筒、电话亭。

2. 假设你现在就是那个邮筒了。

3. 写出你最想说的话，大家一起分享一下。

（如果我是________）我想说：

如果从你进学校校门的那一刻起，你的脚印能留下痕迹，那么你一共能走几步路呢？（也许我们需要一个计步器）这一定是很有趣的事，记录下你走过的每一个足迹。

1. 写出校园中的几个地方。

2. 记录这两个地方需要花费的步数。

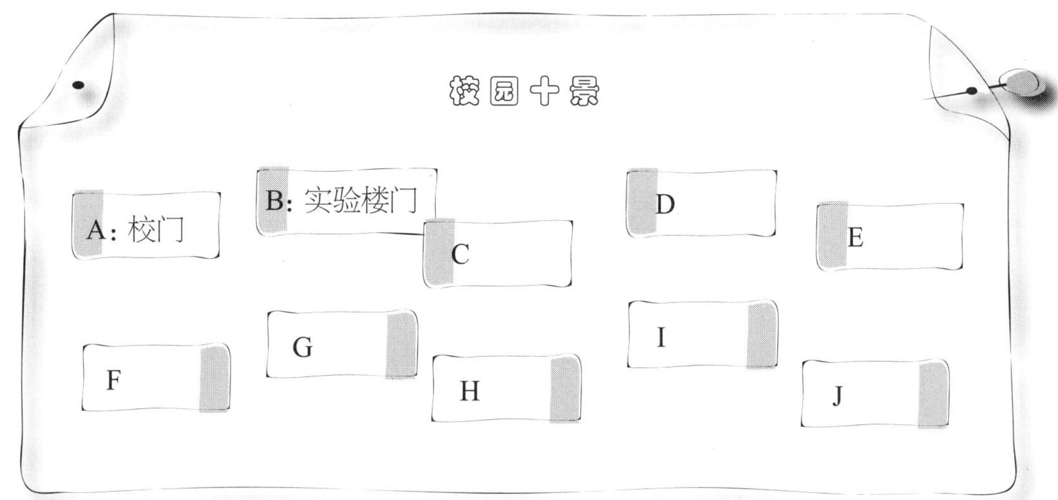

3. 你可以根据自己的需要来记录每两个地方的步数。

4. 你只能选择记录 3～5 个地方的步数。

例：A→B				
376 步				

5. 在校园的一些地方存放着一些宝物，你们要想办法尽量多地取来，但是你们又必须在规定的步数里面来完成这个任务。

6. 记住，你们走的可都是大步哦，步子小了，会吃亏哦！

7. 最后以完成情况及时间来判定最终胜负。

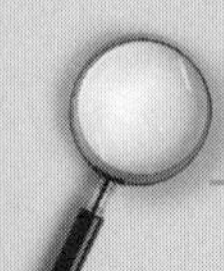

行动 3 数字密码

突然来到一个很可怕的地方，在这里没有数字，没有数字真的会有很大关系吗？你能接受吗？要是还有一个地方，什么都是用数字来表达，你们能理解这里面的秘密吗？好了，让我们一起来感受这个数字密码吧。

创意小贴士

1. 这里没有数字体系。
2. 发明另一种可书写且可数的数字，建立新的数字体系。

意小贴士

1. 三分钟内，尽可能多地写出数字在我们生活中出现的地方。

2. 设定数字密码，让大家来猜。（一条一条给出讯息）谁能最快猜出密码。例如：556517 556521 5553176 443121（图中会有惊喜哦！）

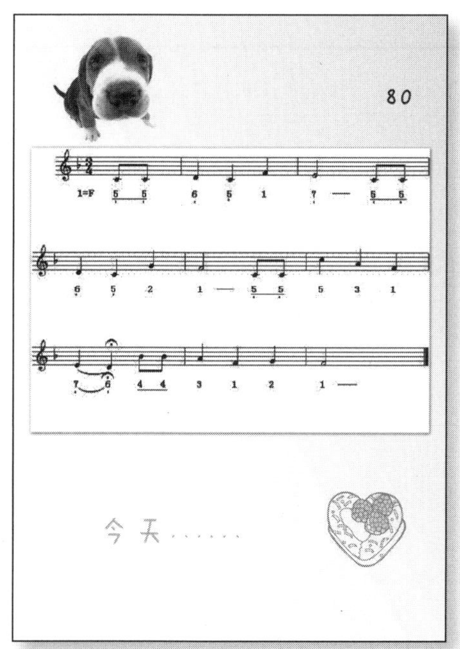

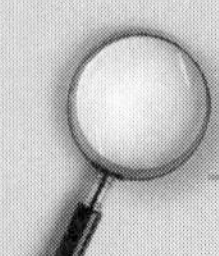

行动4 他和她

考虑事物一定要有两面性，并不一定是你自己的两面性，而是你看着的东西的两面性。虽然我们经常被教导看待问题要换个角度，这样才会海阔天空，可是我不仅让你看问题要有两面性，我还要你觉得你看着的那个物件，它是存在着多面性的。

创意小贴士

1. 你现在要开始进入这样一个状态，你见到的每一样东西，属性都是十分不明确的。比如：你对着电脑，如果他是公的，那么……如果她是母的，那么……

2. 以不同属性，回答你问题的方式又会是怎么样的呢？他（她）会怎么样来说明呢？

例：凌晨3点，你仍然坐在电脑前，你的电脑会和你说些什么呢？尽量多表示出不同属性。除了男性、女性，还会不会有很多不一样的属性呢？

不一样的回答

（属性）	（说出的话）

创意大冒险

塑料袋其实是一样十分有趣的东西，虽然对于它的变化我们还没有好好发现。类似于这样生活中最普通的材料，我们没有想到的使用方法真是太多了。去选择一件生活中最常见的物品，确定一种独一无二的很有创意的方法去使用它；接下来我们要努力去实践这个想法，我们的思维，让一切皆有可能。

身边的人，会让你好奇，身边的东西，也会让你好奇，一切都会让你好奇，好奇是一种心态，是一种人生态度。坚持这样的态度。不要错过每个你觉得该坚持的态度。“好”是喜欢的意思，“奇”是奇怪的事物。我要向大家明确一下，创意眼中，关键就是那个“奇”，她觉得奇怪的也会是你同样觉得奇怪的吗？最好的办法是——

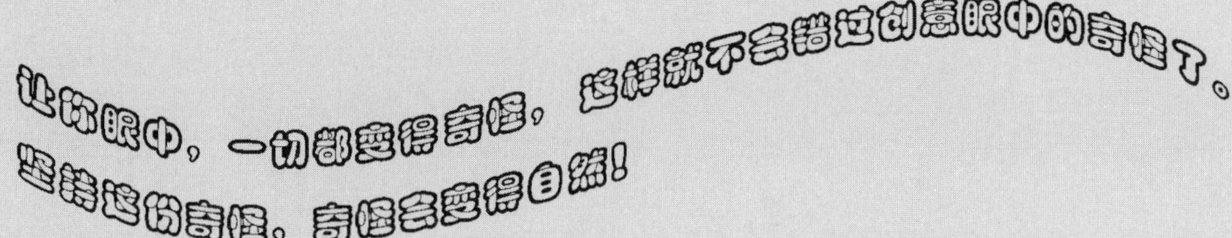

第三章
想象——创意
带来彩虹般的美丽

创意到底长的是什么样？创意就如同“爱”，没有人能具体描述清楚她的样子，即使将来科学技术发展到某个阶段，我们还是不能搞清楚创意长的到底是个什么样？没有关系，这样更好，一万个人心中就有一万种爱，创意本来就不该是一个模样，这样创意才会经得起我们的想象。创意需要想象！

想象力需要散漫——长期、无效率、快乐的无所事事、游手好闲以及虚度光阴。

——布伦达·优兰

一旦有个人凝视着岩石堆，想象着它是个大教堂，那么岩石堆就不再是岩石堆了。

——圣艾克絮佩里

世界对于有想象力的人来说只是一块帆布。

——亨利·戴维·梭罗

真想什么时候都能和创意相伴，虽然这种想法，看似荒唐和不可思议。但是只要你决定，创意和你便有浑然天成的交集。每一次创意靠近时，感觉她在清楚地告诉你，只不过她遮住了你的眼睛。唯一不确定、不安的是你的决定。不要让自己尘埃落定，创意不能仅仅存在梦境里。若没有发现的眼睛，若没有快乐的心情，就算用尽全身力气，换来的只是创意的一声叹息。在千山万水、茫茫人海中相遇，原来创意也在这里。创意在靠近，带着彩虹般的美丽。

创意在靠近，带着彩虹般的美丽！你看见了吗？这是一幅多么美丽的画面啊！你看见了吗？从现在开始，让我们闭上眼睛，我们就能看见，因为我们用心在感受。

第一节　梦境Ⅰ——开始想象

梦里出现了什么？那是真实的吗？梦想会成真吗？梦里，充满着美好；梦里，充满着不可思议。仿佛刹那间，我能够回到梦里了。梦里有最好的创意，每个梦想都值得灌溉。千万溪流汇聚成大海，每朵浪花一样澎湃。梦里看到的总是那么不一样，哪怕在梦里流泪也在所不惜。我要我们的创意在梦里。拥抱创意，感觉到自己的心跳。疯狂地做梦吧！

创意·相识

行动 1 时间改变了许多

时间，永恒的话题。我们无数次渴望着时间可以停止，时光可以倒转。回到过去，来到未来，就能看见更多，了解更多，明白更多，那真是太让人兴奋了。到底是时间改变了我们的生活，还是生活改变了时间的快慢？要是未来的情景出现在过去，要是古人来到了未来，那是不是意味着会发生更多的故事呢？我们确实应该相信，时间改变了许多，改变了我们。相信自己回到过去，一定能改变世界。现在回去的不是你，那又会是什么样呢？

意小贴士

1. 3 分钟的时间，每个人写出尽可能多的运动的名称，越多越好。
2. 汇总整个小组出现的最多和最少次数的运动各 3 个。

出现次数最多的运动

1.

2.

3.

出现次数最少的运动

1.

2.

3.

3. 每个小组从以上这些运动中（可通过掷骰子）选择其中一项运动。

4. 写下你认为这项运动在公元 2500 年会是什么样的。完成一份规则说明单。

（自行设计完成）

5. 仍然是这项运动，但是现在我们要在教室里来进行，修改你的规则吧。

6. 分小组进行比赛。我们要赢得这场比赛。拍下照片。

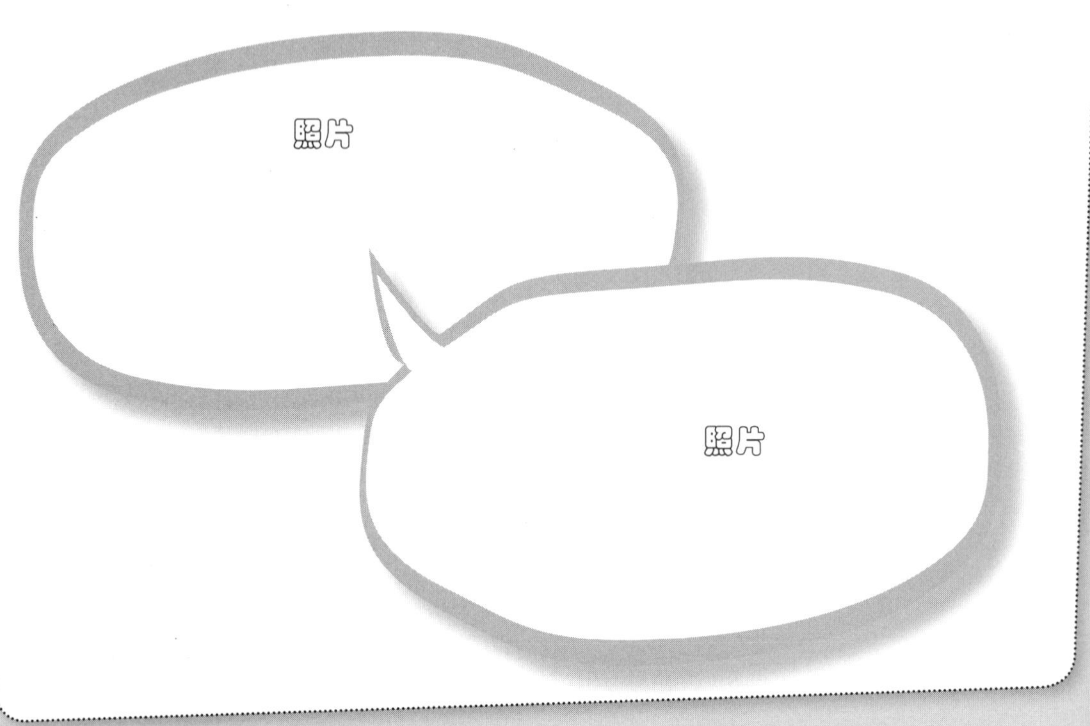

行动2 新超人

电影里的超级英雄是多少人心中的偶像，每个人都梦想着有一天自己也能拥有这样的超能力，去拯救世界，成为一个大英雄。上天入地、72 变，这些都是多么让人羡慕的能力，要是真的有地方能学到这些本领的话，一定很多人报名。超人学校教授各式各样的超能力，那你最愿意学的会是什么呢？

推荐电影：《神奇四侠》、《超人》、《X 战警》。

1. 十分钟时间，回忆你曾经在电影里了解到的超能力，罗列出来。

超人学校开始招生，必须要有一些新型的课程，才能吸引学生前来进修。我们现在要完成的就是一份超能力课程清单。大家可要记住了哦，那些电影中超人们已经会用的课程，是吸引不来这些学生的哦。

2. 完成超能力课程清单

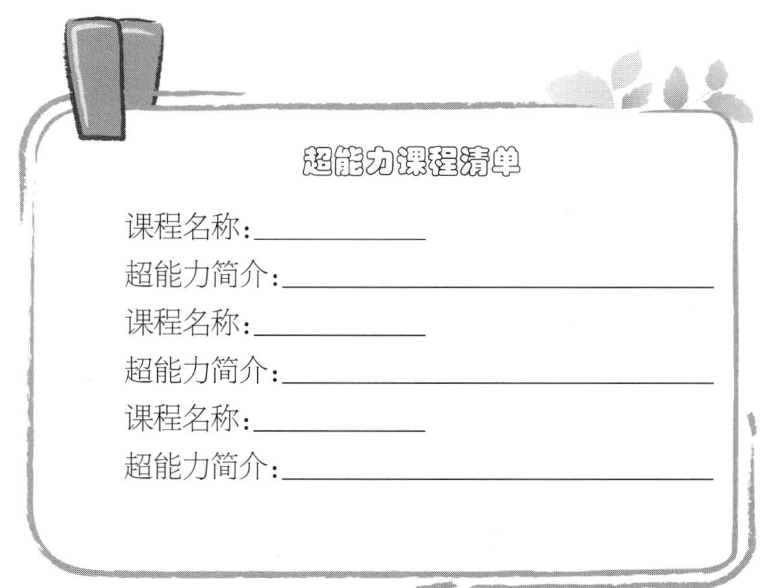

3. 汇总所有的超能力，小组根据所描述的超能力内容，制定一个超能力的纸牌游戏的规则，小组之间进行交流。

行动 3 设计对白

远处的那些人在干什么呢？看着他们一会儿有说有笑，又一会儿表情凝重，变化也太快了吧。是不是有时候我们都会对别人的谈话内容有所好奇呢？可不是为了窥探别人隐私哦，只是觉得他们谈话内容一定很有意思，那么就让我们试一试吧。让我们为他们的谈话设计一些对白，告诉大家，他们到底在说什么。

创意小贴士

1. 制作不同的浮云，然后让大家随意往里面填字。

2. 准备一张图片，要求设计对白。

3. 可以一开始就给出 4 张或多张图片，然后做出连贯性的思考。

4. 对白接力，先给出一副图画，要求给出对白，接着给出第二幅图画，要求给出相应对白，依次类推。

5. 也可以从电影画面中选取不同的片段，去掉对白，先进行观看，然后让大家设计好对白，为其进行配音。

6. 到学校的每一个角落里去，记录下无意间你听到的对话，和大家分享。

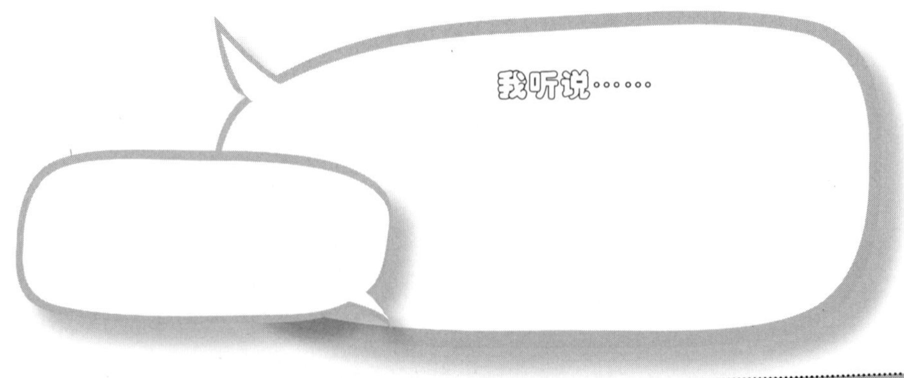

行动4 玩具新动员

玩具它总是有着它自己的使命——让孩子们开心。哪个孩子不羡慕别人的新玩具啊。发现了吗？每个时代都有属于自己的玩具，从变形金刚到喜羊羊、愤怒的小鸟，似乎每个阶段的玩具都给一代人带去了许多美好的时光，这些时光随着年龄的增长，慢慢变成了回忆。玩具种类越来越多，玩具中的创意也层出不穷。我们也可以设计出极具创意的玩具，只是它现在需要有新的使命。

意小贴士

1. 每个人准备 2 件玩具，带来和小组其他成员一起分享。
2. 为自己的玩具起名字，并对玩具的“历史”、用途、故事，做个说明。

玩具故事：

我的玩具

我的玩具

玩具故事：

3. 每个小组根据各个小组的玩具，来编写一个玩具总动员的故事。故事必须由小组里的每一个人轮流说一句话，共同来完成。但每次都必须涉及其中的一个或多个玩具。

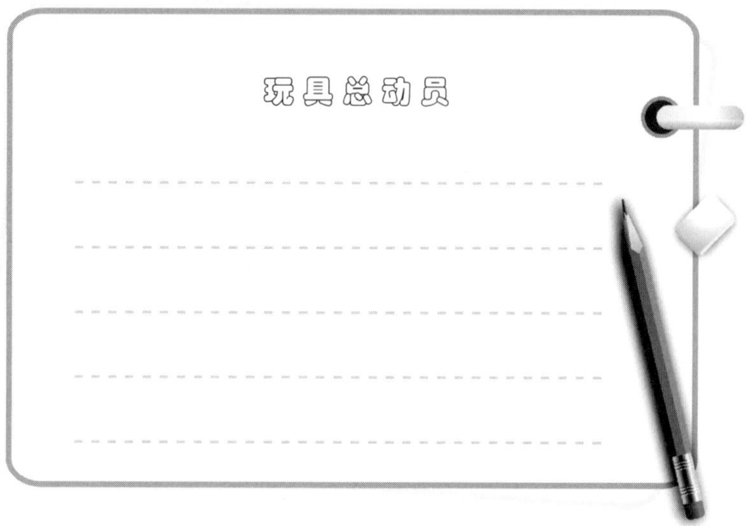

4. 设计能够吸引父母愉快用餐的玩具，写出名单，阐述说明。

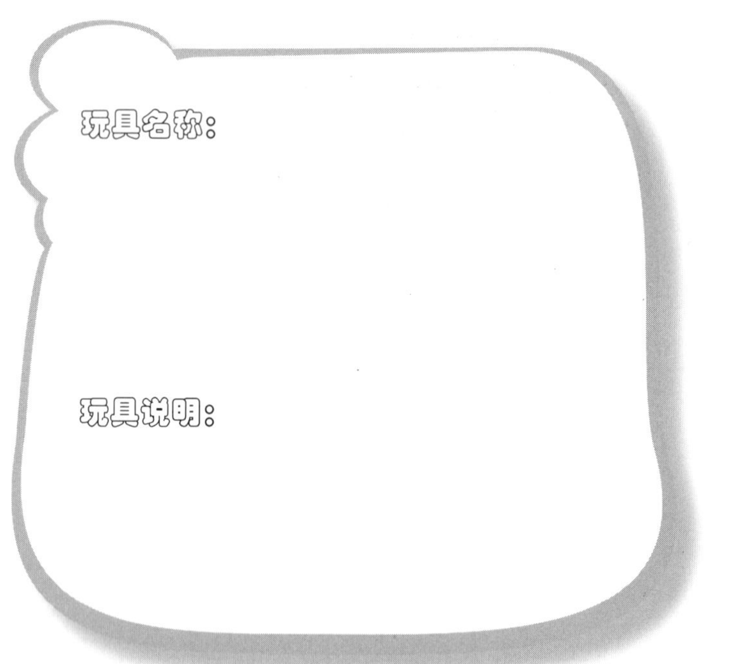

5. 按小组进行玩具评比，评选出创意奖项。

第二节　梦境Ⅱ——想象之后

每次做完梦以后，都很难记得自己梦到的是什么。也许是希望不要把自己梦中看到的都记得那么深刻。梦里的一切只是给我们的一种指引：让我们展开想象的翅膀。

文字的魅力，很让人不可思议。文字让人们学会想象，让大家都会有自己心里的一个印象；这就是想象的魅力。

要把种子变成果实，就要真正去耕耘。感激自己的每一次想象吧！

拥有真正的创意，才能自由地想象，好像呼吸一样，那么自然。与创意相遇绝对不是偶然。

行动 1 学会类推

类推是什么呢？是理科学习中的那种逻辑思维吗？是很难理解掌握的技能吗？在理解类推之前，先让我们认识明喻及隐喻的涵义。

明喻是用“相似”去建构一种联系。例如：手提电脑可能是从这个建议里出来的：“设计一台计算机，像一本书似的。”

隐喻是将两种要比较的对象等同起来，使得当中的联系更为直接有力。例如：“设计一本能运算的书。”

类推是将表面上不相关的对象放在一起加以比较，仿佛原本不相近的东西有着相似的功能。例如：“设计一台计算机以取代图书馆。”

一台洗衣机有着“震耳欲聋的寂静”；植物的小果实附着在狗毛上，尼龙搭扣发明了；这些都是因为充分使用了类推才能得到的好创意。

当你开始想象时，记忆中的任何事物都可能有用。类推可以让一切变得更有可能，可以让想象力真正开始驰骋。

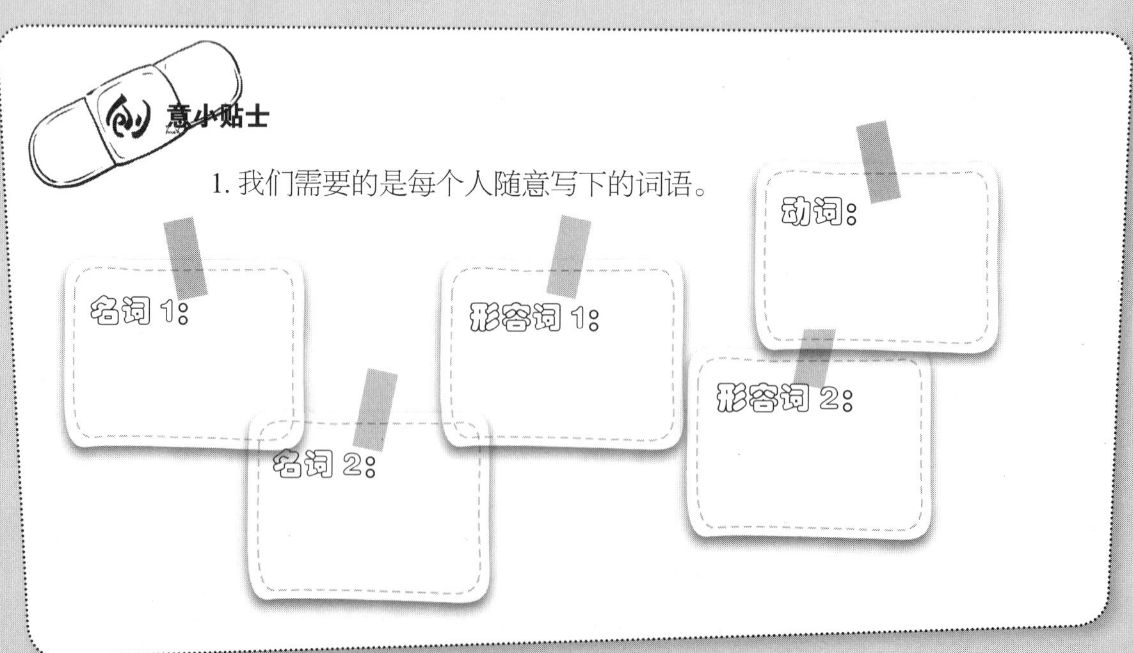

2. 由名词 1 想办法类推到名词 2，让两者之间完美地联系起来，小组的每一个人都要完成要求。

3. 将词语写在准备好的词条卡片上。

4. 把全组的词条卡片收集在一起，并打乱，随意翻开一张卡片，接下来每人依次再翻开一张，要求能从第一张卡片类推到第二张卡片，依次进行，直到卡片用完。

5. 小组竞技比拼

规则：（1）每个小组收集自己小组手中的卡片。

（2）一个小组拿出一张卡片后，其他小组可以根据自己手中的卡片内容，随意拿出一张卡片，要求进行类推。

（3）拿卡片的小组，继续进行下去。

（4）每次思考讨论时间为 1 分钟，时限内必须要给出答案。

（5）其余每个小组都可以根据回答的创造力，给出 1～5 分。

（6）最后得分最高的小组获胜。

行动 2 下雨天

喜欢下雨天吗？很多人不喜欢，那是因为，下雨天总是让我们的心情不那么舒畅。为什么一到雨天我们只能想到这个呢？下雨天就不能让你想到点别的吗？到底是下雨天改变了你的心情，还是心情改变了下雨天？《雨中曲》的场景是否在你面前出现了呢？下雨天，灵感迸发的时刻，不要错过。外面下雨了吗？

推荐电影：《雨中曲》。

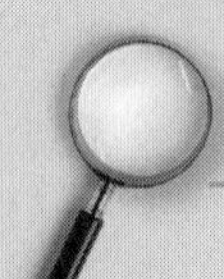

创意·相识

创意小贴士

1. 下雨天的创意解释，到底为什么会下雨？

2. 下雨天会让你想到什么？

3. 到校园去寻找与收集和下雨有关的场景或物品，可以通过拍照或者实物来说明。

照片说明：

文字说明：

4. 分享大家的收获，评选各创意奖项。

行动 3 经典改编

蓝精灵变成了红精灵，格格巫爱上了蓝妹妹，如果蓝精灵的故事变成了这样，你能接受得了吗？也许感情上一开始你无法接受，但是，我们换个角度想想，这些经典的故事要是变成这样，是不是也会变得很有趣啊，也许还能产生一些意想不到的效果呢。经典同样可以保留许多想象的空间，只要你愿意尝试，结果会怎样没有人知道。也许你也能创造出新的经典。

创意小贴士

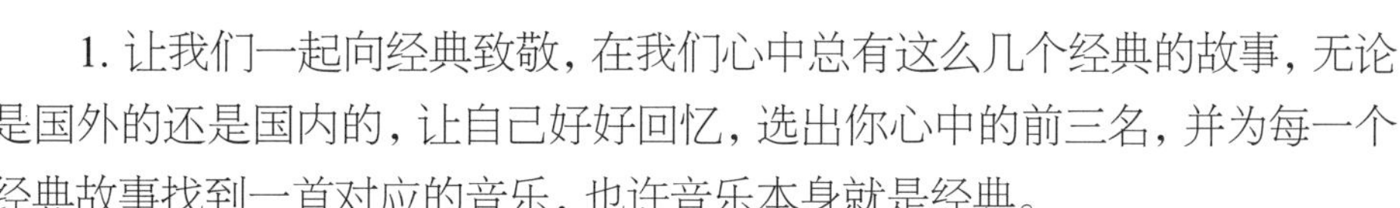

1. 让我们一起向经典致敬，在我们心中总有这么几个经典的故事，无论是国外的还是国内的，让自己好好回忆，选出你心中的前三名，并为每一个经典故事找到一首对应的音乐，也许音乐本身就是经典。

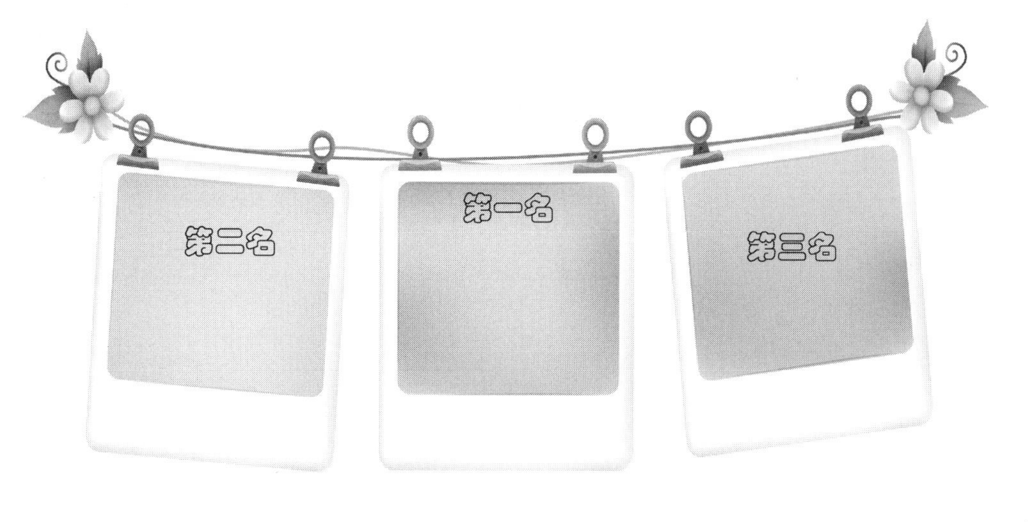

2. 分享大家的经典，回味那些经典。

3. 选出经典中的经典，评选这些经典中的前三名。

4. 改编这些经典。例如，你可以描绘出蓝精灵这个故事的前传。

5. 每年的七夕，牛郎和织女鹊桥相会。多美的故事啊，他们见面之后都会说些什么呢？你来为他们设计一下。

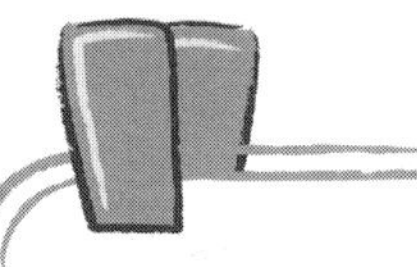

鹊桥相会

男主角：牛郎　女主角：织女　其他角色：________

剧本：

6. 在背景音乐的衬托下，还原“鹊桥相会”的场景。

行动4 听说

俗话说的好，好事不出门，坏事传千里。“听说……”，“听说”这个词似乎在我们耳边一直出现；“以讹传讹”总被别人定义为不好的一件事情，

但有时候也许会变成一件很有趣的事情。好事情就要发生了，让一切从“听说”开始吧。“听说，你……”，“听说，他……”。听说，一般都是一些和自己没有直接关系的，例如别人要如何如何，要是反过来会不会很有趣呢？比如听说我自己要怎样怎样，为什么我自己的一切都要从别人那里听说呢？

意小贴士

1. 从别人口中听说的我会是怎么样的呢？大家依次完成下面这句话“我听说我________”。

我听说我________________________________

我听说我________________________________

我听说我________________________________

我听说我________________________________

我听说我________________________________

我听说我________________________________

记录下最有创意的话。

2. 给出一句话，每个人将这句话依次传递给下个人，但是必须要修改（或增加或删减）一个词，最后的人要尽量回复出最初的原话。

最后的话：

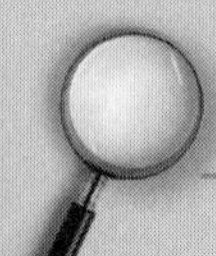

创意小贴士

1. 小组参加，一个人负责收指令和发指令，其余组员按指令完成任务。

2. 发令员收到文字指令后，要将指令传递出去，但是这个过程中不能使用文字指令，其他组员要根据收到的指令去完成相关的动作。

3. 小组之间最后以在规定时间内完成的情况进行评比。

4. 规定时间：5 分钟。

5. 活动所需材料需要提前准备（纸杯子、玻璃瓶、铁罐子、乒乓球、网球、玻璃弹珠、高尔夫球）

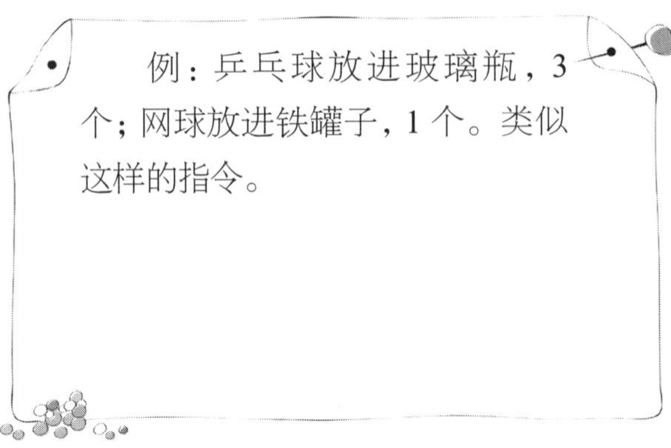

例：乒乓球放进玻璃瓶，3 个；网球放进铁罐子，1 个。类似这样的指令。

第三节　梦境Ⅲ——跳出想象

一年中四季变化和创意的联系是怎样的呢？那个为创意而痴狂的人不会回答。他也不会回答为何会为创意而痴狂。在我心中也深藏着创意，想要问你敢不敢，像我这样为创意痴狂。创意充满着变化，不确定，没有计划。追求什么都可以。创意这里也许早就没有了想象。没有想象的创意，是不是已经到了最高境界，在这里我们自然而然，我们随性而为，我们坚信的只有一点：创意一定能给我们带来无穷的快乐，创意早就跳出了想象。

行动 1 音乐无处不在

听，是谁在歌唱？音乐总能给我们带来无穷的想象。在音乐里，我们能感受到好多；音乐里存在着太多的可能性。不要说你不懂音乐，你要相信，自己就是一个伟大的音乐家，想尽一切办法让自己随着音乐舞动起来。

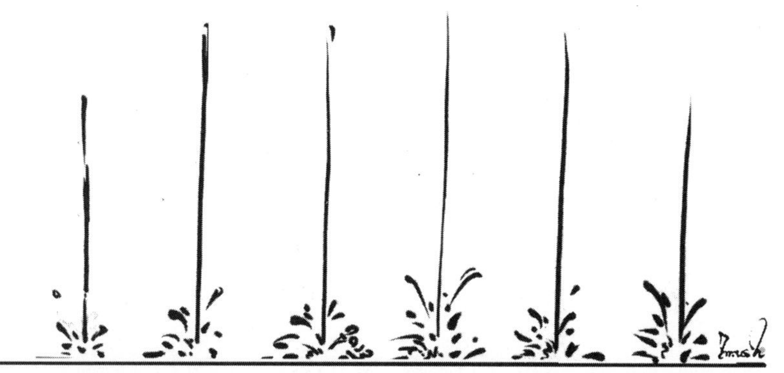

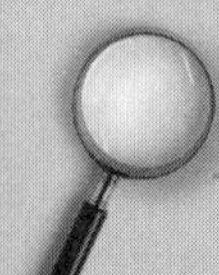

创意小贴士

1. 准备材料：橡皮筋、A4纸、塑料梳子、尺、玻璃罐子、硬币等。

2. 每个小组派出2名代表，根据给出的材料，使用不同方式发出声音，使用过的方法不能再使用，依次进行下去，不能有新方式的小组将被淘汰。

记录下你觉得最棒的发声方式。

你觉得最好听的声音是如何发出的？

下雨了吗？不是，这只是一个玩笑，这是用其他方法模拟出来的。你能有什么方法来表现出不同的声音吗？

让大家走出教室去寻找不一样的声音。也许一开始你也不知道这些声音像什么。没有关系，记录下这些声音就好了。一定能等到那个对的声音。

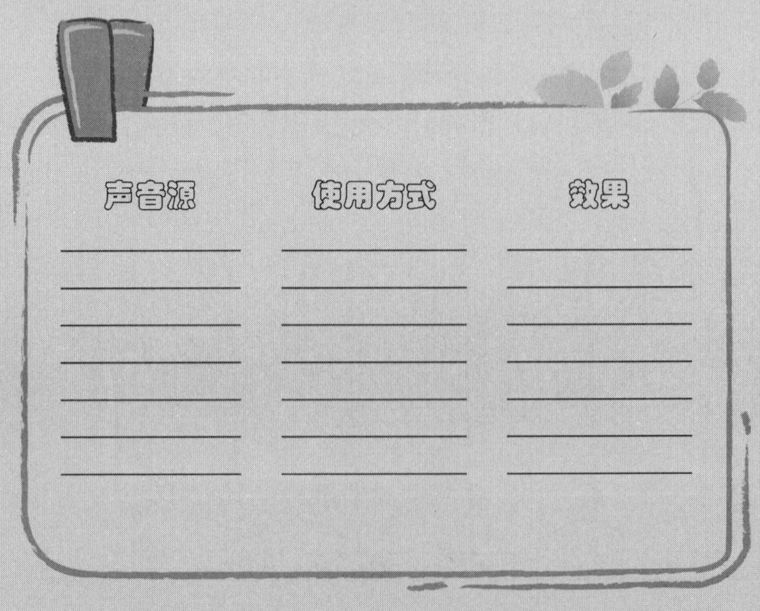

声音源	使用方式	效果

听一首歌曲，用所给材料敲出节奏或是演奏出来，大家来猜。

可供选择的歌单：生日快乐、蓝精灵等。

意小贴士

1. 根据歌曲的曲子来猜想歌词的意思。

2. 听一首歌，可能是法文歌，闽南语歌曲等。歌词是没有办法听懂的，但是要根据音乐的感觉来描绘出整个歌曲所要表达的内容。

3. 整个故事必须在 200 字以内。

所听歌曲：____________________

我们可以把所看到的画下来，那是不是意味着我们也可以把所听到的都画下来呢？试试吧，画出你所听到的。

创意小贴士

1. 把你听到的歌曲的感觉以画面的形式呈现出来，最多呈现在 6 张画纸上。

2. 以小组为单位完成任务，并向大家展示这些图画，形式不限。展示时，相关音乐会再次出现。

3. 评选出最佳契合奖。

行动 2 我的世界

皮克斯公司总是给我们带来那么多的惊喜，在这里我看到了一个又一个的世界，玩具的世界，海底的世界，汽车的世界，超人的世界，怪物的世界。我们同样也能营造出自己心中的世界，那是我的世界。

1. 观看皮克斯公司相关的动画片，感受其中给你带来的创意，也许是一句对白，也许是外形设计，把这些创意写下来。

电影名称：
创意点 1：
创意点 2：
创意点 3：
创意点 4：
创意点 5：
创意点 6：
创意点 7：
创意点 8：

2. 学会感受创意。再次观看影片，从规定的视角来感受，例如人物设计、场景设计、行动设计。

3. 营造出你想要营造的世界，用最简单的话（不能超过 30 个字）描绘这个你独创的世界。

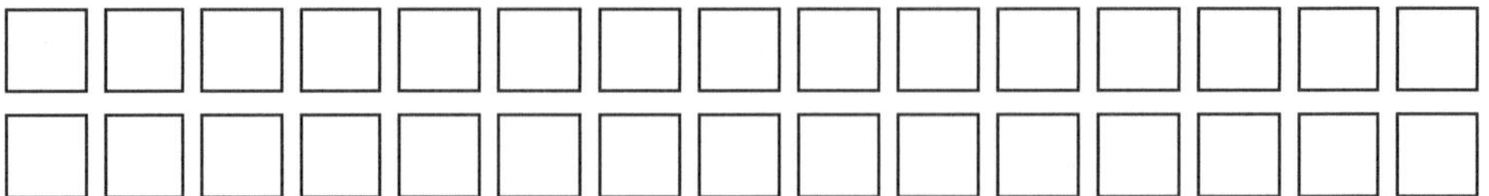

4. 描绘出一个原创的人物设计，并写出人物介绍。

5. 给出彩色橡皮泥，自行选择其他相关材料，制作出这样的一个世界。

行动 3 疯狂大比拼

疯狂，你能想到最疯狂的事情是什么呢？一顿吃下 18 个汉堡包；神奇笔，让考试成绩永远都能考满分。这些疯狂的事情是不是都让你觉得惊讶呢？还是让你觉得很兴奋？创意常常会和疯狂联系在一起，如果希望创意在你面前出现，那就先让自己变得疯狂起来吧。每一个人都有着自己不一样的疯狂！

创意小贴士

1. 列出你在一个疯狂科学家实验室里可能发现的 30 种事物的名称。

创意实验室

1.　　2.　　3.
4.　　5.　　6.
7.　　8.　　9.
10.　　11.　　12.
13.　　14.　　15.
16.　　17.　　18.
19.　　20.　　21.
22.　　23.　　24.
25.　　26.　　27.
28.　　29.　　30.

2. 在彩色纸上写出可以在教室里做的最疯狂的行为，放进疯狂箱内。

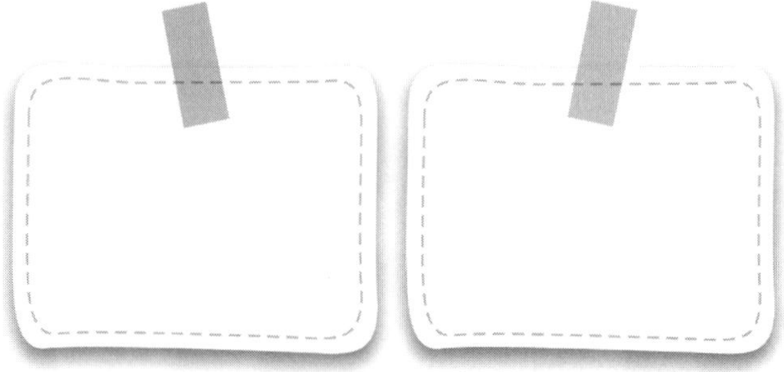

3. 疯狂的装扮：使用所提供的材料为小组成员进行装扮，需要有一定主题性，根据疯狂程度及装扮的效果，评选最疯狂装扮。

疯狂的样子（照片）

4. 两个小组进行 PK，输的小组要在疯狂箱内抽一个疯狂任务来完成。

5. 完成疯狂箱中所抽到的任务。

6. 综合上述表现，评选出最疯狂小组，给以疯狂奖励。

7. 提供材料：化妆颜料、各式化妆配件。

8. 同老师或家长商量后，每个人完成一件让自己觉得很疯狂的事情。

行动 4 婴语综合水平测试

到了哪里都能听到孩子的哭声，心里越来越觉得慌。“宝宝乖，不要哭了，你到底是要怎么样？”听不懂，真的很无奈。要是能听懂每个宝宝的语言，哭声一定会被无穷的笑声所替代。我就是一个婴儿专家，我能听懂宝宝说的话，现在我就要考考大家，看看大家婴语的水平到底到了什么级别。准备好了吗？马上开始！

创意小贴士

1. 每个小组出一份婴语考试的测试卷，题型包括填空、选择、简答，以及其他题型；一共是 10 题。并给出参考答案。

2. 组内讨论完成其他小组的婴语水平考试测试卷。

3. 分享试卷答案和好的解题思路。

4. 看录像或是图片，根据婴儿的表情、动作和发出的声音，为婴儿加上内心独白。

5. 用婴儿的语言和方式演绎出所提供的故事桥段。

6. 每个小组写出一个故事简介，包括时间、地点、人物、事件，及意想不到的故事结尾。还必须能在 100 字以内表达清晰。

7. 每个小组抽选这些故事桥段，表演后，其他小组对表演内容进行想象，给出解释。

8. 准备道具：奶瓶、奶嘴、尿布、婴儿头套、小衣服等。

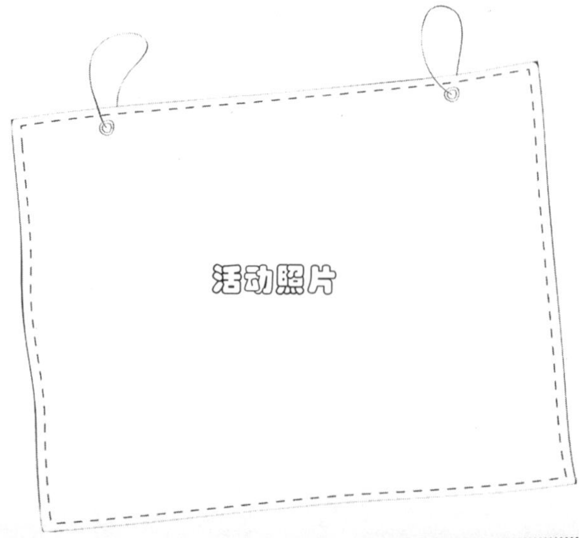

想象力需要技巧与方法，更需要激情与冲动，与其说让自己学会想象，还不如说，让快乐带来想象。是不是在担心创意不会出现？还是现在根本没有把心里的位置留给创意？或者因为此时此刻，变化太快，让你不知所措？有时候换一个角度看问题，往往会有意想不到的效果，从背面、侧面观察，或者仰视、俯视，每一个角度总是让我们觉得不一样。每一种方式都能带来新的收获。

每个人都有想象力，只是我们需要不断练习，也就是我们要不断地想，不断地想。只要我们keep thinking，到了最后，想象力带给你的将是无尽的创意，无穷的快乐。

第四章
观察——创意
就是用心发现

生活是创意的家，主人第一次把你带进他的家，一定会带你好好参观他的家，在家里有他的自豪，有他的味道。我们不能错过的是生活这个家，这个属于创意的家，让我们一起从参观开始。

创造力就是看出原本不存在的东西。你需要认识到如何把那些东西挖掘出来，并且让它成为上帝的玩伴。

——迈克尔·谢伊

就观察而言，机遇偏爱有准备的头脑。

——路易士·巴斯德

如果你没有耐心，仔细去寻找创意，她一定不会出现。但是如果你不放弃，并且不放过每一个生活中的细节，认真去追寻，创意她不会离开，就在你身边。只是她真的太调皮，喜欢和你玩捉迷藏，所以，你一定要仔细再仔细，用你的眼睛去观察，当然，你也可以闭上眼睛，用耳朵去听闻。所以我们一直在说，用心去观察，你看到的一定比别人多。看到了吗？创意，她就在那等着你！

第一节　眼睛，看见从未看见

好的创意者也一定是一个优秀的生活观察者。创意都是来源于生活的，好好看看你周围的世界吧，其实创意就在你身边。我看见了，但是你没有；你看见了，但是他没有。没关系，不停地看，你看到的会越来越多。如果你希望能与创意见面，你就要永不放弃地看！用你的眼睛看！

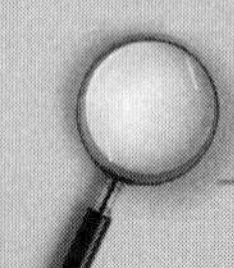

创意·相识

行动 1　用眼睛看见生活

从你睁开眼的那一刻，你就一直在看这个世界的每一样东西。也许是因为太熟悉，也许是因为你觉得太普通，你从来不会从这些事物上去寻找任何的创意，事实真的是这样吗？创意真的和这些没有一点关系吗？如果这一天，我如同一个婴儿般睁开双眼，那我所看到的一切还会是这样吗？你说，那是好奇心。可是面对熟悉的东西，哪来的好奇心呢？其实我们大可不必妄自菲薄，我们要做的其实很简单，盯着你想看的，看、看、目不转睛地看。

创意小贴士

1. 从你坐着的地方开始。

写下关于你现在所坐椅子的十件事，而这些事是你坐下时并未注意的。记住，要充分发挥你的感官能动性，快速地记录，不要删改。好，现在开始……

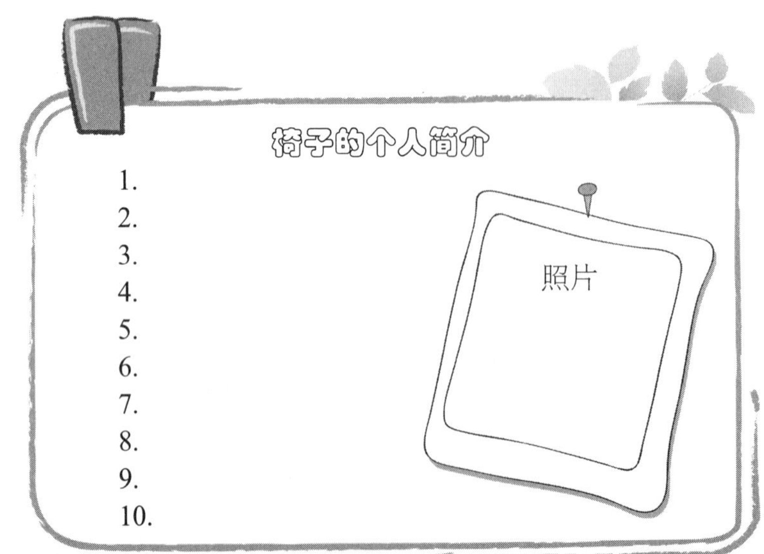

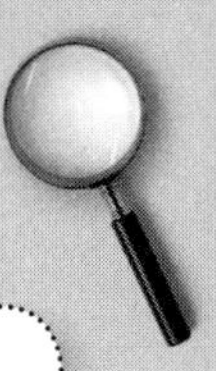

2. 看看教室。

描述一下你所看到的东西，让你看到的变得与众不同，独一无二。

小组讨论，写出你所看到的教室。你看见的是不是别人没有看见的呢？

给你 10 分钟的时间。

3. 看着发呆。

看着作业本，你是不是常常会发呆呢？这样，是不是会被老师批评呢？今天，要是你看着不发呆，这才会被批评。

每个人要求都准备一件自己最喜欢的东西。小组内互换。

每个人看着拿到的东西，盯着连续看 10 分钟。

写下你看到的特别之处。

4. 一天从睁开眼睛开始，直到放学回家，观察每一个细节，不要错过任何一处。静下心来好好看看这个你生活的周围，看好之后，把你看到的记录下来。

题目就叫做：“我看到的，你看不到。”

行动2 看见你听见的

谈天说地有时候也能讲出些意想不到的事情。虽然我们有时候也不知道我们聊天的目的是什么，但是有时候没有目的的创意也能带来很多惊喜。原来听的东西，你也可以用眼睛去看。让一切从聊天开始。

意小贴士

1. 看着别人说话，每个小组，在规定的时间内传递一句话，不能有错误，但是传递过程中不能发出任何的声音，你只能使用唇语的方式来传达。

2. 任意挑选一句话，长度一般控制在20个字以内。

3. 在规定的时间内，看哪个小组完成质量越高。

和别人交流的过程中也许你会非常注意对方讲的话，因为你在全神贯注地听，这样你就会忽略很多问题，比如嘴的动作。真正的观察是不能错过任何一个细节的。

意小贴士

1. 播放一段没有声音的录像。努力去观察录像里的人，看出他们到底在说些什么话。

告诉大家，你的眼睛看到了什么话。

2. 需要事先准备录像，挑选一些有趣的画面。

3. 也许你还能从别的地方看到一些灵感。

意小贴士

1. 找两位同学上台，就某一个话题进行讨论。

2. 当场拍下录像。

3. 台下所有人要注意观察他们的讲话内容。

4. 谈话结束之后，进行提问，但是问题并不一定关系他们的谈话内容，你的问题可以是，某人说到一句“……”话之后，另一个人在做什么动作。

当所有人明白活动规则之后，每个小组就要根据现场的表演提出自己的问题，让其他小组来回答。

根据听到的，我们的问题是

表演中（照片）

行动 3 不错过每个人

周末的下午，找一个有阳光的地方，去那里观察穿梭在你周围的每一个人，并记录下你在一小时内所观察到的情况。记录要详细，最好描述出每个人给你印象最深的一个特点。这样的观察意义在哪里，只有等你全部结束之后才能体现出来。努力吧，我要的是你们的结论，与众不同的结论，用事实说话的结论。

意小贴士

1. 你可以选择任何人来人往的地方坐下来，例如公园、商场、咖啡店。

2. 自己选定一个区域，比如，玻璃门两侧一米内，两棵树中间。

3. 给自己一定的时间限制，一般是 30 分钟以上，时间越久越好。（如果你真的有那么多时间）

4. 快速观察进入你眼帘的每一个人，他们都是那么的独一无二。拿起笔，记录下来，他们是谁，快速完成前 20 个人，每个你能看到的细节：他头发的长短，衣服的款式，背的包，穿的鞋。你有发现什么特别之处吗？对了，你还要记录下他们的性别，当然，有时候你也不敢肯定，那就猜猜吧。这些记录相当于在为每个人制定一份个人情况介绍。

5. 从这些观察到的内容里面，总结出一些特别的结论，出一份特别的调查报告。

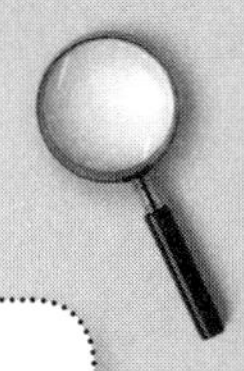

创意小贴士

1. 先制定一份特别的调查表，确定每一项调查内容，也许这些调查内容都是为了某个论点特别设计的。

2. 根据这份调查表，小组分工完成，保证调查的结果。

3. 调查只能用眼睛看。

4. 根据调查结果，完成调查报告。

5. 按小组分享调查报告，评选出最独具慧眼奖。

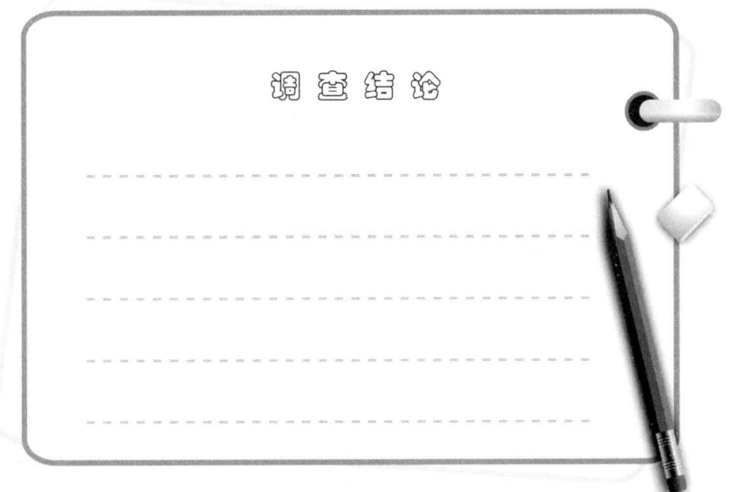

行动4 看广告

有些婴儿可能从九个月开始，就十分喜欢看广告，甚至有些婴儿除了广告，其他节目都不喜欢看。有些成年人也喜欢看广告，特别是那些结局让人感到意外的广告。令人感到惊喜的广告，我们总可以看到其中有很多创意。创意和广告总是分不开的。让我们一起好好看看广告，感受广告给我们带来的震撼吧。

创意小贴士

1. 优秀广告欣赏，从中感受不同的创意。学习这些创意，并记录下你看了这些广告之后的体会。同时把你学到的招数都记录下来。

2. 一起分享这样的创意。

3. 看了广告之后，你也许能总结出一些窍门了吧。接下来看广告，这回只看广告的前半段，不看结尾。请你仔细观看，来猜测这是一则什么产品的广告。

产品名称
猜测：
实际：

产品名称
猜测：
实际：

产品名称
猜测：
实际：

4. 极限观察。

仔细观看一系列广告，每个小组从广告中提出一些问题，要求其他小组回答，最后决出最佳观察奖。

这些问题可以从广告的各个方面来提，问题要让别人感到意想不到，但是这些问题真的要有答案哦。

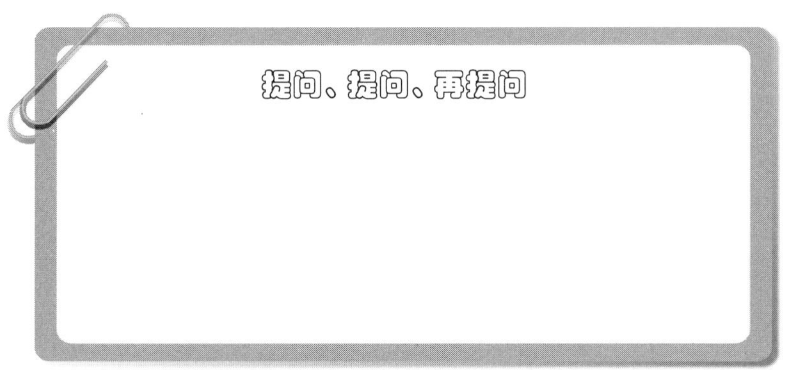

5. 每个小组随机选择一个产品，为其设计一个属于自己的广告创意、广告词。要是能配有图画说明，一定可以加分。

6. 最少给予 20 分钟设计时间。分享相互的广告创意，评选出最佳广告创意奖等奖项。

创意大冒险

我爱看书

你正在看的这本书，你有好好观察过吗？在这里面有好多也许是你第一次看到的书本的设计与排版。注意这些细节，你一定能收获很多。好好开始翻一翻这本书吧，把你觉得很特别的地方都记录下来，这本书到底藏了多少的奥秘呢？它正等着你去揭开谜底呢。

书的奥秘

我的意见

第二节 闭上眼睛

睡觉的时候我会闭上眼睛，许愿的时候我同样会闭上眼睛，似乎闭上眼睛总是能发生快乐的事情。

平日里我们眉毛上扬，把眼睛睁得很大就是为了能看到更多的东西，不想错过任何一样。其实，闭上眼睛我们不但不会错过，也许我们还能“看见”我们用眼睛看不见的内容，我们会“看见”更多。不用眼睛去观察，用鼻子或者是手，去触摸、去感觉，等待你的，将是不一般的感觉。

创意不是用眼睛看的，真正的创意是用心去看的。观察这个词，永远不会专属于眼睛。用心观察，你看见的，一定是别人很难看见的。

行动 1 古老的游戏

捉迷藏，一个古老的游戏，据传是杨玉环创意出来的与唐玄宗一起玩的游戏。没想到这一路发展下来，竟成了风靡海外、老少皆宜的一项游戏了。当你被蒙上双眼的那一刻，你是否有种不一样的感觉？一定很有趣，让我们一起来捉迷藏吧。

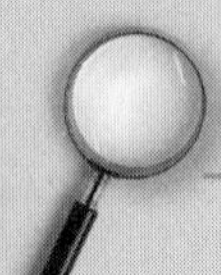

1. 喜羊羊和灰太狼基础版

（1）划定一个长 10 米、宽 10 米的区域，任何人在任何情况下不能离开此区域，否则算失败。

（2）灰太狼组蒙上眼睛，人数可以是 2～5 人。

（3）在喜羊羊组的队员身上系上铃铛，该组的人数可以是 5～10 人。

（4）在规定的时间内，灰太狼必须要抓住一定数量的喜羊羊。

（5）需要安排 2 名裁判。灰太狼组要是抓到自己队员，就把两人分开，继续进行；要是抓住喜羊羊，就当场宣布失败。

（6）别忘了拍照哦。

2. 道具版

在基础版规则的基础上，在场地内增加道具。

塑料球：放置在区域内，灰太狼组只要有人拿到球，全场的喜羊羊就必须静止不动 10 秒钟。塑料球双方都能触碰，但不能长时间持有，塑料球要是被喜羊羊组的队员弄出界外，这名队员就宣告失败。

灰太狼同样可以用扔塑料球的方法，击中喜羊羊，同样也算抓住，但是只要球离开灰太狼，喜羊羊就能随意活动。

彩色卡片：放置在区域内，只有灰太狼可以挪动位置，彩色卡片是喜羊羊的禁区，是不可以在任何情况下触碰的。

辅助道具：（游戏开始前两队可各自安排一个道具，但须经过双方协商，同意使用）

____

____

3. 附加版

在基础版规则下，增加任务要求。

任务：喜羊羊要从灰太狼的地盘拿出平底锅，但不能被抓住。

附加任务：

双方队员可以自行创造出新的游戏任务，来增加可玩性。

除了喜羊羊和灰太狼，还可以增加不同的角色。让整个游戏更加刺激，可玩性更强。

红太狼：可以使用手中的平底锅为灰太狼发出信号，帮助完成任务。

美羊羊：可以跑出规定区域，但是被抓住按 2 人计算。

附加角色：（游戏开始前两组可各自安排一个角色，但需经过双方协商同意使用）

____

____

4. 自创版

每个小组可以自行设计新的游戏规则，既可以是对原有规则的补充或加强，也可以自行创造新的捉迷藏游戏。让我们一起把捉迷藏变得与众不同。

行动2 用手去感觉

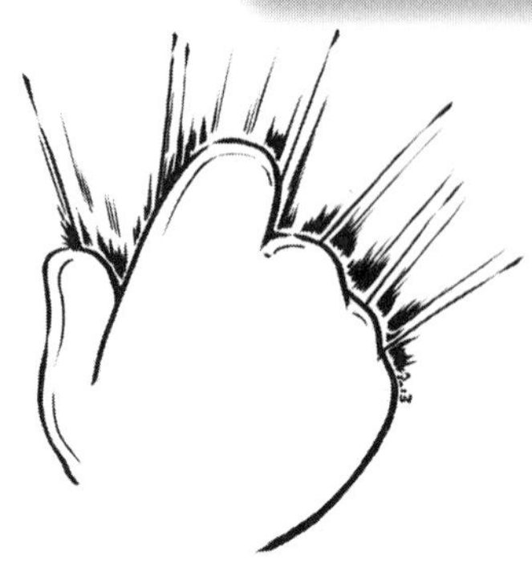

温度、硬度、光滑程度，有些东西可是你用眼睛没有办法分辨出来的哦。所以我们要做的，就是让我们的眼睛休息一会，好好去训练我们的触觉。也许是我们太依赖眼睛了，也许我们可以改变一下，用手去感觉，体会那些眼睛感觉不到的感受。

创意小贴士

1. 每人提前准备一些物品，无论是什么都可以。（需要提前告知所准备的物品的用途）

2. 小组自行挑选 6 样物品，让其他小组来鉴别。

3. 仅用触觉来分辨所有的东西，并把它们一一描述出来，越具体越好。

4. 在最快时间内全部确认的小组，即为优胜。

5. 准备附加物品，来增加难度。

创意小贴士

1. 让我们一起去感受一下校园，带给你的也许会是震撼。
2. 两人一组，其中一人带上眼罩，另外一人负责照顾好他。
3. 过程中两人不能有任何交谈。
4. 两人做接力，感受整个校园，一人完成一个区域后，两人互换。
5. 及时记录下你的所有感受。

6. 分享这样的感受，评选出最触动心灵的感受。

行动 3 味道

我真是不知道这是什么味道。你能闻到吗？能尝出来吗？这会是你喜欢的味道吗？这会是你曾经尝到过的味道吗？闭上眼睛，会让这种感觉更强烈些吗？创意是什么味道？酸、甜、苦、辣、咸，创意应该五味俱全，创意还应该浓香扑鼻。当你尝尽一切味道之后，你就一定能够感受到创意的味道。创意的真正味道应该是各种各样味道的融合。

创意小贴士

1. 准备一些有气味的物品，而且这个味道最好能特别独特。每个人自行准备。

2. 最好额外准备一些气味特别的物品。

3. 将这些物品汇总到一起，让我们一起来挑战气味吧！

4. 每个组选择 1 名队员进行挑战，蒙上双眼，依次将 10 件物品让他来闻。

5. 给 3 分钟时间来闻所有的物品。

6. 最后看谁能准确写出是哪 10 件物品，并能明确前后顺序。

7. 同时创造性描述这些气味。

我相信我的鼻子	描述这些气味
1.	1.
2.	2.
3.	3.
4.	4.
5.	5.
6.	6.
7.	7.
8.	8.
9.	9.
10.	10.

创意小贴士

1. 材料准备：小号一次性杯子、各式饮料。

2. 准备好各式饮料，每组派代表来品尝味道。

3. 两个小组进行比赛，大家共同品尝一种饮料，同时把答案写在答题板上。先犯错的人，被淘汰。

行动 4 这是属于我们的语言

我和创意之间有一种特别的沟通方式，所以当我闭上眼睛，创意就会和我悄悄地说上几句，心情也跟着明朗了。这可是我和创意之间的秘密哦。你也来尝试一下，闭上眼睛，试试是否能听到创意在和你说话。

创意小贴士

1. 材料准备：1 把扫把，6 个乒乓球，10 个玻璃弹珠，6 个高尔夫球，6 个网球，6 个桌球，塑料瓶 20 个，3 个信封，2 张 A4 纸，10 张彩色纸，1 把手摇铃，8 个易拉罐，6 张 CD 壳，10 根吸管、10 根牙签、1 个眼罩。

2. 以小组为单位，队员将分成发信号者和收信号者。只有带着眼罩收信号者能在场地内活动。发信号的队员只能使用所提供的材料来发出声音。

3. 活动区域长 10 米，宽 5 米，如图所示。

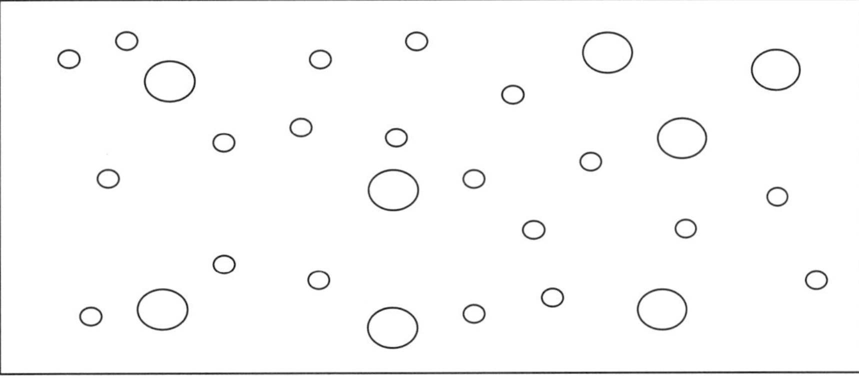

○ 塑料瓶（红、黄、蓝） ◯ 易拉罐（红、黄、蓝）

4. 试用提供的材料建立一个通讯体系，发信号的队员将拿到一张任务单。

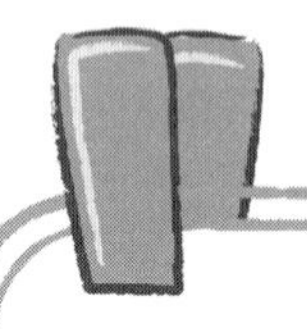

任务单

1. 击倒红色塑料瓶，每个得 2 分。

2. 击倒黄色塑料瓶，每个扣 2 分。

3. 蓝色塑料瓶放入对应蓝色易拉罐，每个得 4 分。

4. 红色易拉罐内必须要有 6 类物品，少一件扣 3 分，多一件扣 2 分，正好 6 类得 20 分。

5. 所有的易拉罐里面有球类，各有一个得 10 分。

6. 所有的易拉罐里面有物品，得 10 分。

7. 黄色易拉罐必须被倒扣，罐内物品每件 4 分。

8. 10 分钟内完成。

闭上眼睛，我们一定可以看到更多！

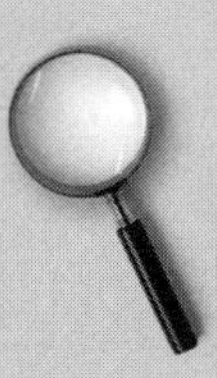

第三节 心，感受从未感受

爱上创意的每一个错误，甚至无意产生的错误也不轻易放弃。其实并不是创意没有出现，只是你不知道创意在你眼前，是你把创意错过了。用你的眼睛死死盯着创意，盯不住，就用心去盯，创意才不会逃离你。就算到了天涯海角，还是要牢牢锁定创意。用心，让我们一起感受从未有过的经历。用心去感受，那是如同雨中渴望屋檐，风中渴望港湾一般的感受。让创意在你的心里，流进你的血脉里。你会真的发现创意无处不在。关键是用心！

行动 1 餐巾纸试用大会

一手经验提供最富有的材料，因为它伴随我们，有需要的时候便冒出来。二手经验，例如泛泛阅读、听音乐或者是观察，所提供材料就稀释了很多。所以我们要行动起来，亲自体验这一切，让这一切变成我们自己的财富。读万卷书不如行万里路。

购物频道常常听到这样或者是那样对于产品的推荐，不经意间，你就会被那些"神奇的"产品所吸引，但只有试用之后才能真正感受这种真实性。每一片叶子都是不同的，每一件产品也都是有区别的，而往往这些区别是需要用心比较才能感受得到的。

创意小贴士

1. 准备 10 种不同品牌的餐巾纸，罗列在桌子上，并编上号码，隐藏品牌。

2. 提供一些水、烧杯等道具。

3. 所有队员来观察或者试用这些餐巾纸，并完成以下任务。

（1）对产品做一个系统的研究，并对每种产品提出改善意见，设计并完成以下产品评价表。

（2）评价你对产品的满意程度，最高 5 分，最低 1 分。

包　装	极不同意	不同意	无意见	同意	非常同意
从外观一看就是餐巾纸	1	2	3	4	5
我喜欢它的形状	1	2	3	4	5
包装设计合意	1	2	3	4	5
色调统一	1	2	3	4	5
一眼就觉得具有创意	1	2	3	4	5
____________	1	2	3	4	5
____________	1	2	3	4	5
____________	1	2	3	4	5
____________	1	2	3	4	5

餐巾纸形态（外观）	极不同意	不同意	无意见	同意	非常同意
大小适中	1	2	3	4	5
质地适当	1	2	3	4	5
纸上花纹设计漂亮	1	2	3	4	5
层数合理	1	2	3	4	5
厚度适中	1	2	3	4	5
气味适宜	1	2	3	4	5
手感很好	1	2	3	4	5
柔软度适中	1	2	3	4	5
____________	1	2	3	4	5
____________	1	2	3	4	5
____________	1	2	3	4	5
____________	1	2	3	4	5

餐巾纸功能（有效性）	极不同意	不同意	无意见	同意	非常同意
吸水性强	1	2	3	4	5
吸油性好	1	2	3	4	5
便于擦汗	1	2	3	4	5
____________	1	2	3	4	5
____________	1	2	3	4	5
____________	1	2	3	4	5
____________	1	2	3	4	5

喜爱程度（测试后）	极不同意	不同意	无意见	同意	非常同意
品质上乘	1	2	3	4	5
物有所值	1	2	3	4	5
会购买自用	1	2	3	4	5
会购买送礼	1	2	3	4	5
____________	1	2	3	4	5
____________	1	2	3	4	5
____________	1	2	3	4	5
____________	1	2	3	4	5

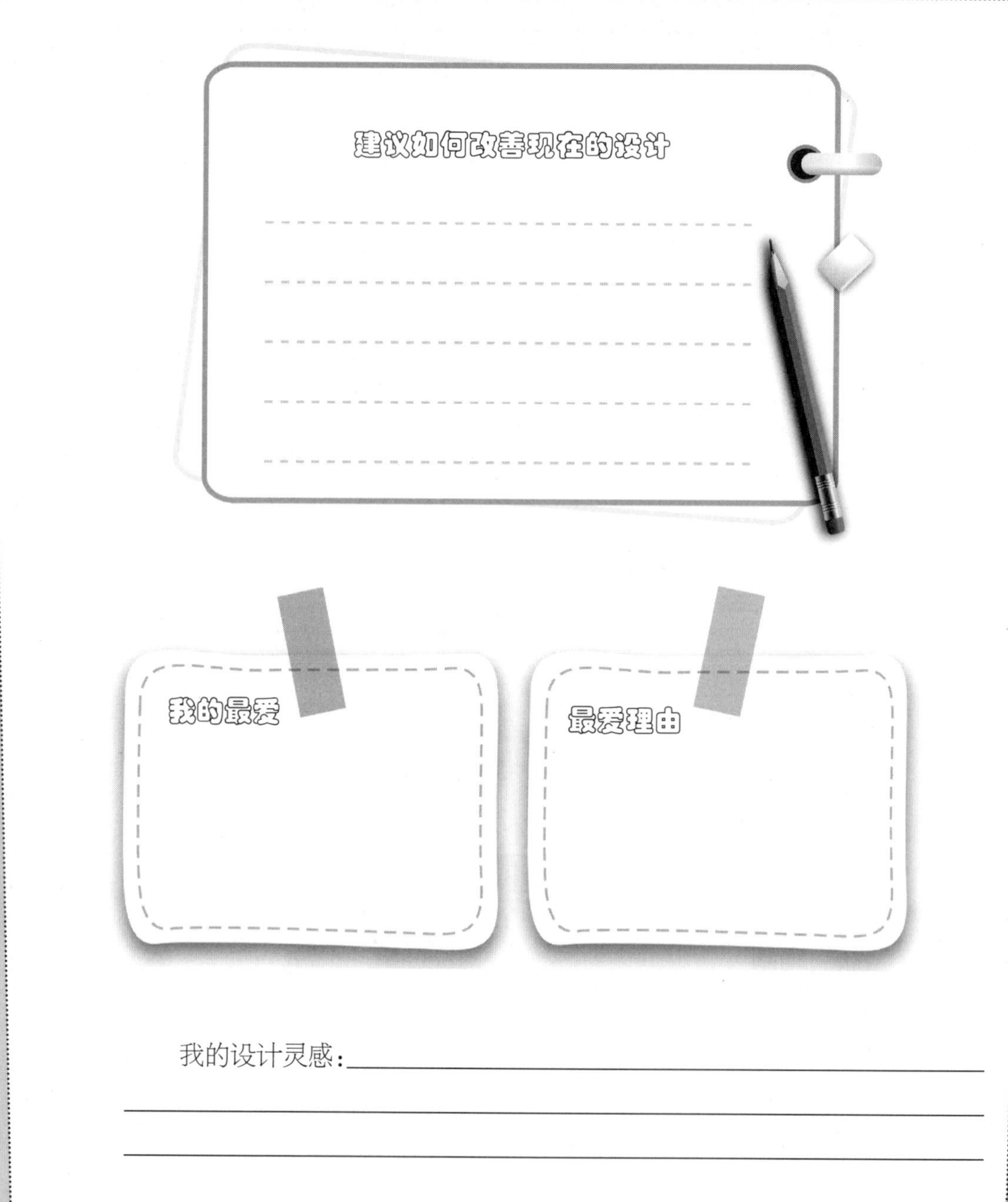

调查体验后，假设你能设计，你的设计灵感会有哪些呢？

行动2 时光流逝

日晷、漏壶、圭表等，在我国沿用了几千年。

日晷

漏壶

圭表

你是否惊讶过古人对时光流逝的敏感度？你是否佩服古人的创造力？你是否和古人一样对时光流逝充满着好奇与迷恋？你是否相信自己也能具有这样让人惊艳的想象力？现在就行动起来，让时间留下痕迹。

创意小贴士

1. 观察时间，从你坐的地方开始，想出几种记录时光流逝的方法。可以通过小组讨论，来确定每个小组的最佳方案。

设计名称：__________

灵感来源：

设计原理：

创意点：

设计说明：

2. 查资料，了解古今中外记录时间的方法，看是否有和你们小组的设计接近的方法。

3. 制作你自己设计的模型。

运用生活中可以找到的常规材料，制作自己的设计，过程中要尽量能准确表示出时间的流逝。

4. 展示模型，并进行说明。评选出各个创意奖项。

行动3 创意本中的“胡思乱想”

我不想错过每一个创意以及每一个关于创意的细节。我想把这一切美好的东西都记录下来。其实到了现在，关于创意你已经历了很多，也该对创意有了一些感觉，现在要做的就是坚持下去，相信自己就是那个充满创意的人。现在让我们开始记录，将你的创意都记录进这本叫做“胡思乱想”的创意集，你以后能在这里面找到一切你想要的东西，但是前提就是你要用心填满它，完成它。让我们开始吧。

创意小贴士

1. 身边随时带着“胡思乱想集”，还有笔，挑你最喜欢的“胡思乱想”记录其中。

2. 当你看到什么，听到什么，随便什么，只要你有一点点的感觉就写下来。

3. 千万记得要记录你当时为什么会记录下来的原因哦。

4. 慢慢学会组织你的语言，让这个创意显得更具体些。

物品记录日志

物品：袋泡茶
尺寸：3cm×3cm
材料：纸袋
日期：2013-6
地点：家

物品描述、创意描述

我们应该改变一下袋子的形状，会变得更有趣。每一包袋泡茶的形状不再会是千篇一律的了。

类别：家居用品

经验记录日志

日期：

时间：

地点：

主题：

事件描述：（草图、颜色、质地、气味，现状、材料）

创意收集表

日　期	描　述	地　点

创意清单

颜色	气味	声音	味道	材质

行动 4 用心替换

相传，绍熙年间，宋光宗爱妃得病，后得江湖郎中送来关于冰糖与山楂煎熬的药方，没想到很快病情就有到了好转。后来这种方法传到了民间，老百姓将两者结合起来，将山楂串起来卖，冰糖葫芦就诞生了。现在也许没有办法考证到底是谁第一个想到把山楂串起来卖了，但是这个创意实在太令人惊讶了。但是大家也要知道，东汉的石壁画上就有了烤羊肉串，所以说那个"串"起来看来也不是什么首创，只是把一些概念非常融洽地结合在了一起，把羊肉替换成了山楂。用心去找到合适的替换，也许能变成一种新的风尚。

创意小贴士

1. 替换基础训练

（1）冰糖葫芦里的山楂还可以由什么东西所替换，每一个答案必须是不同类别的。让答案变得夸张和可爱些吧。

（2）在规定时间内写出答案，越多越好。

（3）选出最好的 5 个答案，填在表格中。

答案 1：
答案 2：
答案 3：
答案 4：
答案 5：

（4）挑选一个答案，把它制作出来。

2. 随机替换

（1）每组分别写出一组随机词语，或者通过自己的方式选择出一组随机词语。

（2）将两组的词语放在一起，组成词语对。

（3）将这组词语进行内在的互相替换。

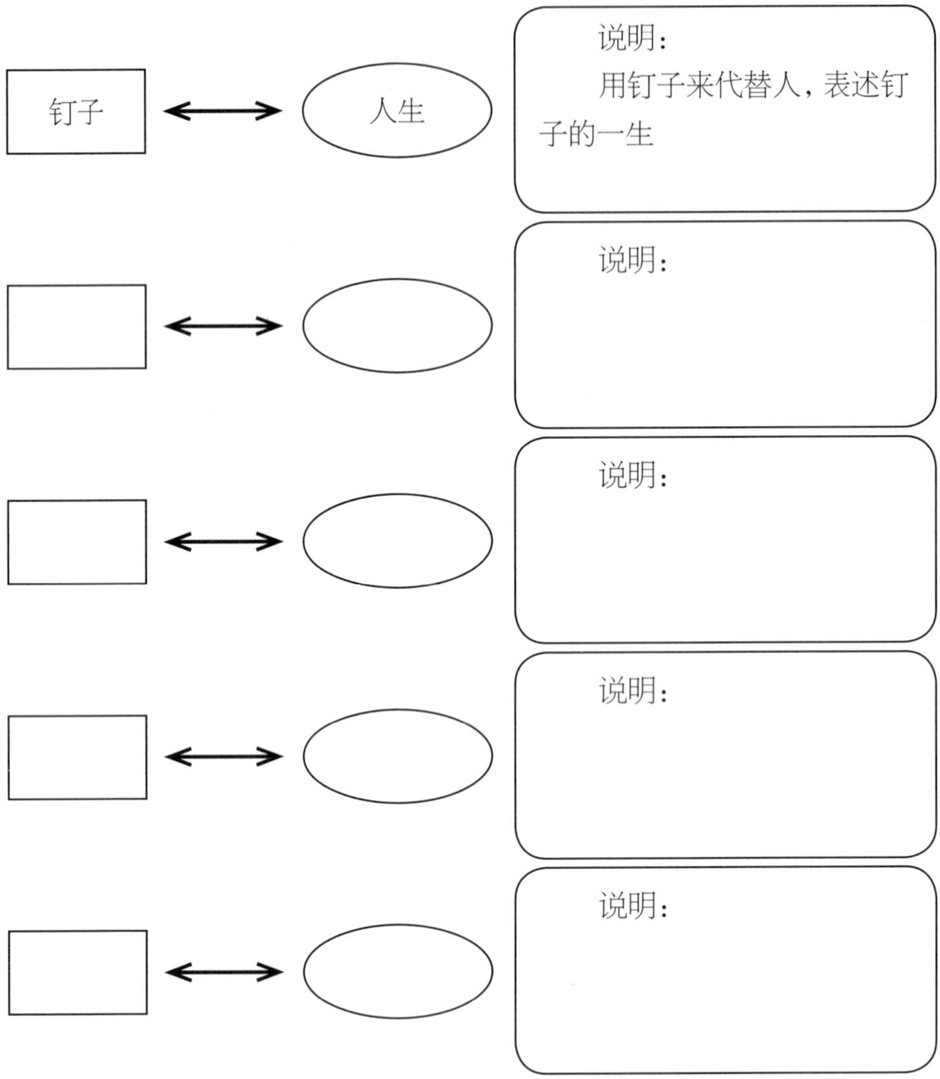

钉子	⟷	人生	说明：用钉子来代替人，表述钉子的一生
	⟷		说明：
	⟷		说明：
	⟷		说明：
	⟷		说明：

第五章

行动、行动、还是行动——创意在行动

从寻找创意开始。你明白吗？不是你在寻找，是创意一直在找你，她想尽一切办法在你的生活中出现，只是你不知道创意在那。行动起来，创意就在那，但是在你心里必须要有这么一个信念——“创意在等我，我要行动起来”。

记住这个信念，是信念！

灵感是等不到的，你必须用棍棒去追逐他。

——杰克·伦敦

每个人淋浴后都有新的想法，正是那些淋浴完毕，擦干身体并且做实事的人们有所作为。

——诺兰·布什内尔

创造力会感染的，传递下去。

——阿尔伯特·爱因斯坦

明白了吗？创意不要等待。无论是安静的思考，还是激烈的运动，创意，她要的只是你不停地行动——一切追寻创意的行动。只是心里想着可不够，还要你坚持行动下去，创意才会在你需要的时候迸发。我们不断练习什么？——创意的技巧？创意的能力？都不是，我们只是在培养与创意的默契。这份默契是不能通过课本学到的默契，是需要亲身体验的。你的投入越多，创意对于你的回报也会越让你惊喜。不要再犹豫害怕，坚持行动下去，我们就是创意！

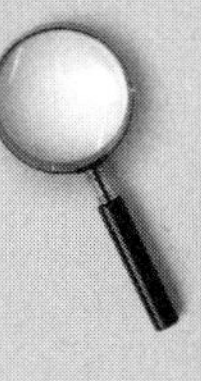

行动 1 如果、如果、如果

如果这个世界上真有“如果”，那“如果”会是怎样的呢？设计一个人物形象，这个人物就是“如果”，并编写一个简单的故事，字数在 500 字以内。

行动 2 创意漂流瓶

自行设计一款“创意漂流瓶”，并为这一设计添加一些理念，这个漂流瓶要能在校内外、家庭环境中真正被使用起来，能起到交流创意、传递创意、制造创意的作用。快点动手试试吧！

行动 3 极端结果模板

苹果掉到牛顿头上，发现了万有引力；立体声音响导致桥摇摆，甚至倒塌……

想象任何一件事情可能会出现的极端情况。没有最极端，只有更极端。

今天你上了一节创意课，然后……

行动 4 从海洋开始

海洋让你联想到的第一个词——

可以连续地从第一个词联想到第七个词，然后，再介绍并解释：海洋和第七个词之间的关系。

也可以从宇宙开始，从地心开始……

行动 5 我们一直在变

“同一个不同的东西”。你是否会觉得有东西一直没有变？找出 50 个在改变的东西，就算有些是我们看不见的。（阳光照射下，颜色在变，也许你没看见）在不同的环境里做这个活动，要求在规定的时间内说出越多的变化越好。

唯一不变的就是我们一直在变。

行动 6 姿势

每个人喝东西的手势都是不一样的。观察别人喝东西时候的每一个细节，记录下来，观察对象越多越好；并设计一款杯子，告诉大家你的设计灵感是什么。灵感来源你的观察，千万不要错过每一个细节，当然也别让人发现哦。

行动7 我用了嘛？

当你走进一个新的环境，在那里驻足一段时间。回味并记录在这段时间用过的东西，越多越好，可千万别把网络给忘了哦。好好回忆，不要错过每一个细节，灯光，音乐，网络，栏杆，钟，看过的图片，别人咖啡的香味，外面的灯……

其中，使用的、出现的都应该是生活中最常见的东西，但是这些东西的使用一定要和平常的使用大不一样。

行动8 化妆品达人

做一个调查，了解一些关于化妆品的问题。首先，你应该对不同化妆品的功能要有所了解；其次，你需要认真地向这些化妆品的使用者做一份问卷，提出一些你想要知道的问题；最后，完成一份独特而又丰富的化妆品调查报告。

如果你是化妆品公司的研发人员，你会设计怎样的化妆品？会有一些什么功效呢？这些功效可能永远也实现不了，但是爱美的妈妈们会喜欢。

行动9 婴儿车

孩子们真的很可爱，身边总是有一个漂亮的妈妈。采访一些带着孩子的妈妈们，并向她们提出一些问题。这些问题的提出是要为设计一辆婴儿车提供数据，但是这些问题里面又不能直接涉及任何关于婴儿车的概念。

先设计好这样的问题，并指出你的目的是什么。通过这些调查，向婴儿车设计者提供一份独特视角的调查报告。

孩子的爸爸是双眼皮嘛？

今天早上宝宝吃了些什么啊？

……

这些问题真的能为婴儿车的设计师提供他们需要的东西吗？只有你知道。

行动 10 敲章者

敲章真的已经很火爆了。例如，敲了不同店的章，就可以换一杯免费饮料，那是不是由不同的老师敲了表扬的章，就可以不用做作业或者不用来上学了呢？那你是不是会更加好好学习了呢？

设想更多让人意外的敲章事件或者敲章者，也许有些真的能变成现实。

行动 11 放错地方了吗？

太阳眼镜越来越多地不是带在鼻梁上，而是带在头上了。还有些什么是不放在它该放的地方呢？将女孩子的头箍带在鼻梁上——我们发明了一款新式的眼镜了。

让这些看上去放错地方的行为，形成真正的风尚吧！

行动 12 美妙的乐章

孩子的哭闹会让你感到烦心吗？孩子可是最聪明的噢。收集不同孩子的哭闹，向大家展示你收集到的哭闹声。描述他们不同的心情，以及表达的不同情绪。

要到哪里才能收集到这些呢？相信你会想到办法的。

行动 13 杯子先不要洗

身边是否会有这样的人，每次吃东西的时候，第一件事情就是先拍照，然后在“围脖”上和大家分享。我可不是让你这样做，你要做的是，吃完所有东西之后，不要让别人收走，好好观察这些空杯子、空碗，它们也特别地美丽，那些痕迹可是你创造出来的哦。

好的，我们先从杯子开始。千万别洗，我要好好看看，还要拍下来。

行动 14 让节日变得与众不同

每一个节日都有着独特的风俗习惯，这些风俗从开始到现在也许已经改变了很多，但是没有关系，重要的是它传承了下来，一直延续到了今天。我们不能去完全改变这些风俗，但是也许可以修整一下，让我们过的每一个节日变成一种“传承的创新”，在经典中寻找些许的变化。

月饼变成冰激凌，嫦娥会爱吃吗？

每个节日都不要错过，一年我们有多少个传统节日呢？这个我们先要好好了解清楚。

行动 15 到处都是新娘

找新娘（新郎）去了哦！不要害怕，我说的不是找你自己的新娘（新郎）。一对对的新人越来越热衷于拍摄外景这么一件事情，执行摄影师为他们设定好的动作要求。你也来为这些新人当回摄影师吧！为新人们设计一个动作或是一番对白，这些要变得不一样，并记录下来，目标是 10 对新人。带上你的照相机、摄像机出发吧。去哪找那么多的新人呢？只有祝你好运了！

行动 16 多久没去公园了？

还记得上次去公园是什么时候吗？现在的公园与你曾经的记忆还是一样的吗？我们周围的公园一直在改变，只是你没有发现。来次公园之旅，寻找最让你印象深刻的那所公园吧！

公园一定是我们活动的最佳地点，爱上逛公园。

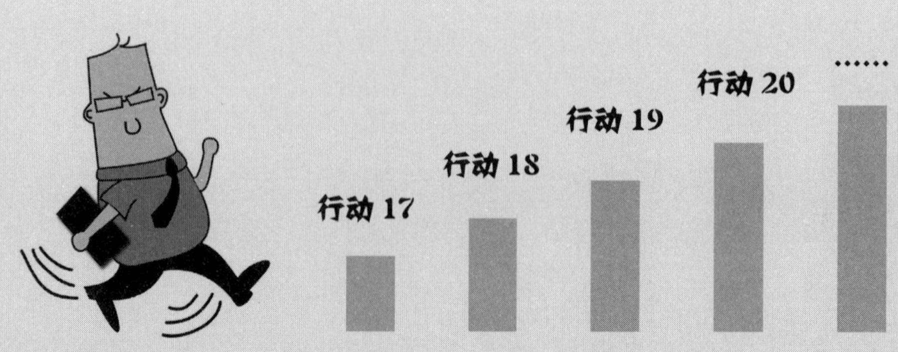

行动永远不会被停止，你也一定会从一个单纯的行动参与者变成一个新行动的设计者。你一定会期待大家参与你的活动，然后从中感受到快乐——创意带来的快乐，这是你给大家带来的快乐。

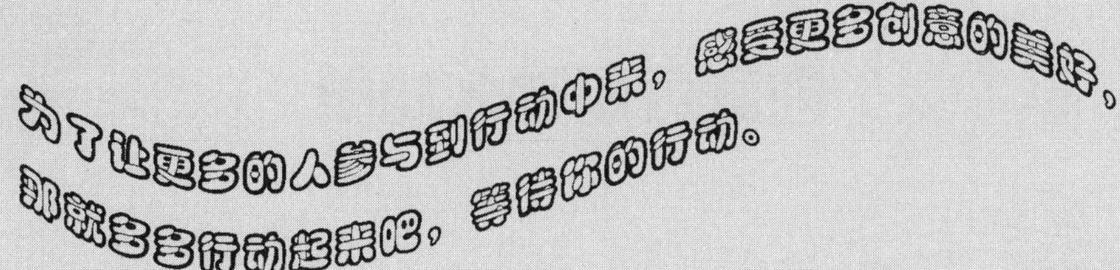

结束语

创意就是那么简单

有些人认为，创意只是增加生活情趣的调味品，而非必需品，没有创意的生活，也能好好继续，只是缺少点浪漫情怀而已。我也不能断言：创意终有一天会变成必需品，而非调味品；将来的世界，创意会变得多么重要，每个人都将拥有非凡创意。

有人拒创意于千里之外，归其原因，他觉得自己和创意搭不上边，创意是属于艺术家、广告人的。我只想让大家知道，关于这一点，我们错了，创意没有我们想得那么遥不可及。

要相信，我们的一举一动都会产生创意，你现在要做的就是相信、改变、坚持。当你行动之后，我不知道你是否会立即拥有让人羡慕、惊讶的创意，但是我相信，你的生活从此会改变，变得与众不同；生活将充满情与趣，创意自然就会来到你的身边。正如王国维说的那样：“众里寻他千百度，蓦然回首，那人却在灯火阑珊处。”这也是一种境界！

有人把创意比作是太阳。慵懒的午后，当你在街角的咖啡店享受着巧克力拿铁，沐浴着温暖的阳光，也许咖啡，与你谈天的朋友，占据了你太多的注意力，你只会觉得阳光很舒服，但不会觉得阳光给这个世界带来的可不是简单的舒服，你没有发现每棵树下的阴影都显得那么与众不同吗？

独自一个人，享受一下每个生活的细节，听听雨的声音，听它自由打在树上、屋顶上、车上、地上、你的身上，这个声音多美，自己一个人，细细聆听这个世界。

独自一个人，无论是什么样的天气，只用你的眼睛去看，看每一个人走过身边，你要相信创意就在他们中间。

独自一个人，坐在咖啡馆的角落里，观察你周围的每一个人，他们是如此特别，每一个动作，每一个表情，你会发现，原来大家会有那么多的小动作。可以的话，马上模仿他们，觉得惬意吗？别笑出声来，这样别人会发现你的。你需要的是偷偷地。

独自一个人，就算你不得不放别人的鸽子，或者是被别人放你的鸽子，别因为这事有什么不开心，起码这不是现在该想的事情。这是你和创意好好相处的时候。把你今天见到创意的样子记下来，当然，你不会发现开启时光隧道的钥匙，创意也不会告诉你人生的意义到底是什么，你也不会想明白，我们为什么要读书，但是你也许会发现，大家穿的鞋，两个都是一样的（真的会有人不一样噢）；带眼镜的女生比男生多了；每个人的气味真的好不一样，不管是天生的还是后天的；为什么妈妈带孩子的好多，爸爸一个人带孩子的就那么少，爸爸真的太忙了吗？也许我们应该组织一次“爸爸日”，这天只能是爸爸带着孩子出来玩，照顾孩子，那妈妈都干什么去了呢？……

独自一个人，无论你心情有多不好，想想创意，只要你想见她，她一定不会拒绝你，心情真的就会好起来。

独自一个人，去享受一杯奶茶，收获的却不仅仅是一杯奶茶。

独自一个人，去一个陌生的环境，创意总喜欢陌生。

重要的问题不是“什么培养了创造力”，而是究竟为什么不是每个人都有创造力？人类的潜力在哪儿丢失了？如何受挫了？所以我认为最好的问题可能不是“为什么人们有创造力？”而是“为什么人们没有创造力，没有创新意识？”创造力面前我们必须毫无惊愕之感，就好像如果人人都有创造力，我们会认为这是个奇迹。

——亚伯拉罕·马斯洛